符号逻辑

棋盘上的三段论

[英] 刘易斯·卡罗尔 著

闫文彤 译

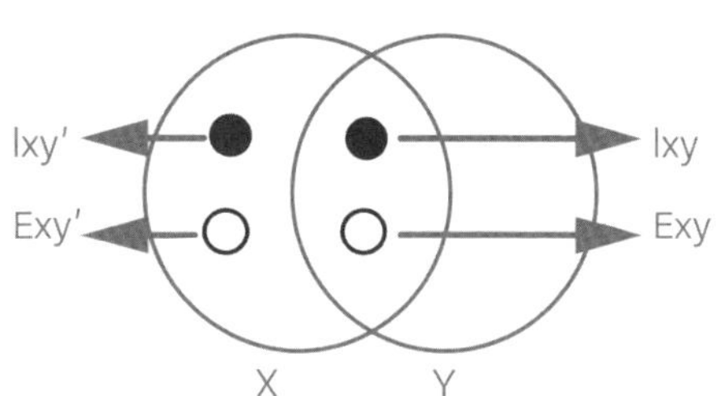

SYMBOLIC

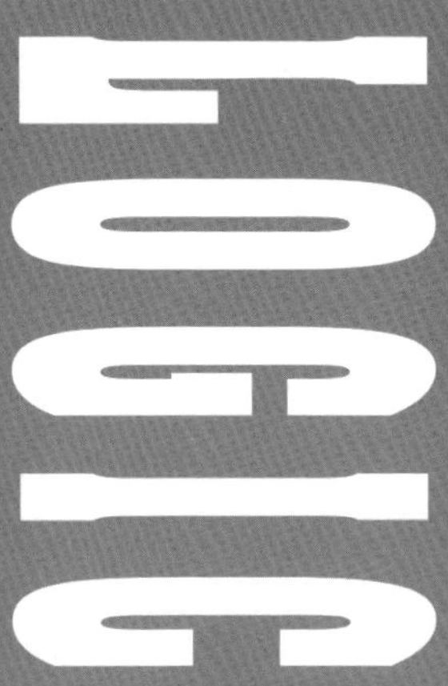

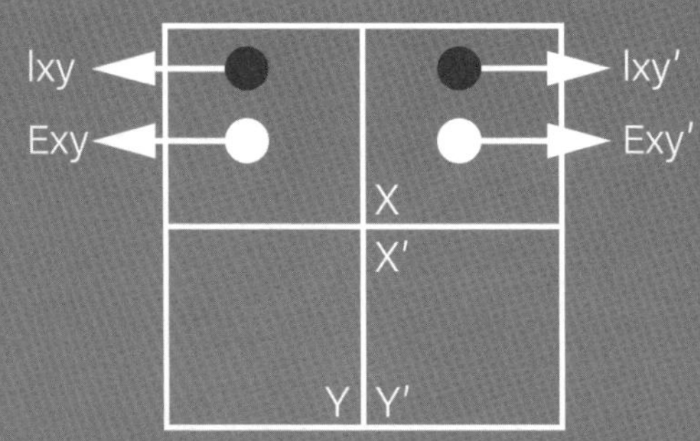

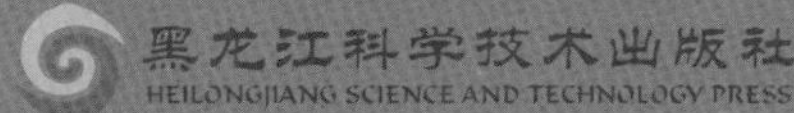

黑版贸登字:08-2025-031

图书在版编目(CIP)数据

符号逻辑——棋盘上的三段论 / (英) 刘易斯·卡罗尔著 ; 闫文彤译. -- 哈尔滨 : 黑龙江科学技术出版社, 2025. 6. -- ISBN 978-7-5719-2864-3

Ⅰ. O141-49

中国国家版本馆 CIP 数据核字第 2025LE8561 号

符号逻辑——棋盘上的三段论

FUHAO LUOJI QIPAN SHANG DE SANDUANLUN

刘易斯·卡罗尔 著

闫文彤 译

责任编辑 / 陈裕衡

出　版 / 黑龙江科学技术出版社

地址:哈尔滨市南岗区公安街 70-2 号　　邮编:150007

电话:(0451)53642106　　传真:(0451)53642143

网址:www.lkcbs.cn

发　行 / 全国新华书店

印　厂 / 保定市铭泰达印刷有限公司

开　本 / 710mm×1000mm　1/16

印　张 / 13.75

字　数 / 180 千字

版　次 / 2025 年 6 月第 1 版

印　次 / 2025 年 6 月第 1 次印刷

书　号 / 978-7-5719-2864-3

定　价 / 68.00 元

导读　卡罗尔图解

刘易斯·卡罗尔（Lewis Carroll）是查尔斯·L. 道奇森（Charles L. Dodgson，1832—1898）的笔名。牛津大学的数学和逻辑学教授[①]。他是英国逻辑学家，但以两本“爱丽丝”故事闻名于世。《爱丽丝漫游奇境·镜中奇缘》已经翻译成125种语言。他出版了《逻辑的游戏》（1886）[②] 和《符号逻辑：第1部》（1896）。为了求解三段论，他发明了方格图解。为了检验连锁三段论的有效性，他率先采用了树形方法（即归谬证明法）。由于发表于《心灵》杂志的两篇论文，人们至今还在讨论他的观点：逻辑悖论（1894）和乌龟对阿基里斯说了什么（1895）。关于前提与推理规则之间的区别，通常认为，这两篇论文是最好的解释。

《符号逻辑》是卡罗尔生前出版的最后一部著作，1896年由英国的麦克米伦公司出版。目前有多个英文重印版本，网络上的电子版本也非常容易得到，但是未见中文译本。它是世界上第一部逻辑学科普作品（尽管他的《逻辑的游戏》出版于十年前，但是他认为，该书是非常不完善的作品）。虽然主要内容仍然是传统逻辑，包括概念、判断、三段论，但是他设计了一套极其精巧的图形和简洁高效的符号，可以完美地描绘其中的推理过程。同时，这些奇思妙想也为现代逻辑的发展做出了重要贡献。

逻辑图解有着悠久的历史，其中欧拉图解和文恩图解比较著名，但是卡罗尔图解却鲜为人知（他刻意隐藏了自己逻辑学家的身份）。他设计了一套精确的图解系统，类似于双陆棋或中国围棋。有了这套图解，则三段论不再神秘，而是看得见摸得着的。

---

① 韦克林．爱丽丝梦游仙境的创造者：刘易斯·卡罗尔传［M］．许若青，译．哈尔滨：黑龙江教育出版社，2016：148-196.

② 卡罗尔．逻辑的游戏［M］．王旸，译．北京：化学工业出版社，2013.

1. 预备知识

1.1 集合

定义一个集合，就是明确列出它的元素。元素 a 属于集合 A，写作$a \in A$。一个集合的基数，就是其元素的个数。若个数为零，则它是空集。若个数不为零，则它不是空集。可以比较两个集合。集合 A 和集合 B，若它们的元素都是相同的，而且元素个数也是相同的，则 A 等于 B（$A=B$）。若所有 A 的元素都是 B 的元素，则 A 包含于 B（$A \subseteq B$）。集合也是可以运算的。设论域为 U。集合 A 是 U 的子集，论域之内但 A 之外的集合称为 A 的补集（A'）(其中单撇号是补集运算符)。已知集合 A 和集合 B，它们的交集是 $A \cap B$。已知集合 A 和集合 B，它们的并集是 $A \cup B$。

采用“空集”的说法，也可以表达语句“A 包含于 B”。假设 $C=(A \cap B')$。C 是空集，意思是肯定“A 包含于 B”（即 $A \subseteq B$）。C 不是空集，意思是否定“A 包含于 B”［即$\neg$ （$A \subseteq B$）］。

1.2 命题

或真或假的语句称为命题。真值联结词和集合运算符相似不相同①，尤其是它们同时出现时，更应该注意其区别。$\neg$ 为否定联结词（或者写作～），$\vee$ 为析取联结词，$\wedge$ 为合取联结词。$\therefore$ 为前提与结论之间的推出符号；$\equiv$为互相推出的符号。$\exists$为特称量词符号，$\forall$为全称量词符号。

1.3 文恩图解和卡罗尔图解

文恩图解是圆环图，卡罗尔图解是方格图，它们表示集合的极小区域是一一对应的。在图 1 文恩图解里，圆环 x 之内的区域表示集合 x，圆环之外而方框之内的区域表示其补集 x'。圆环 y 和圆环 m 也是一样的。在图 2 卡罗尔图解里，横线上部分表示集合 x，下部分表示其补集 x'。竖线左侧表示 y，右侧表示 y'。小方框内部表示 m，小方框外部而大方框内部表示 m'。

---

① 赵世芳，闫文彤．检索词和逻辑运算符［J］．情报杂志，2010，29（S1）：202-204.

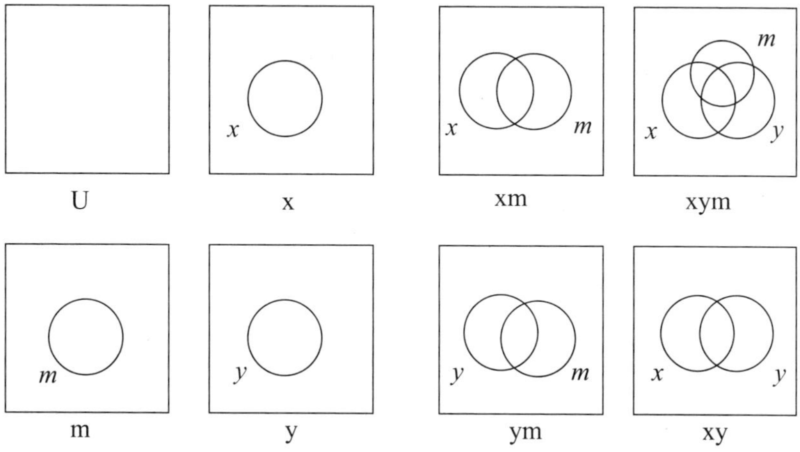

x　x m　m x y

U　x　xm　xym

m　y　y m　x y

m　y　ym　xy

图 1　文恩图解

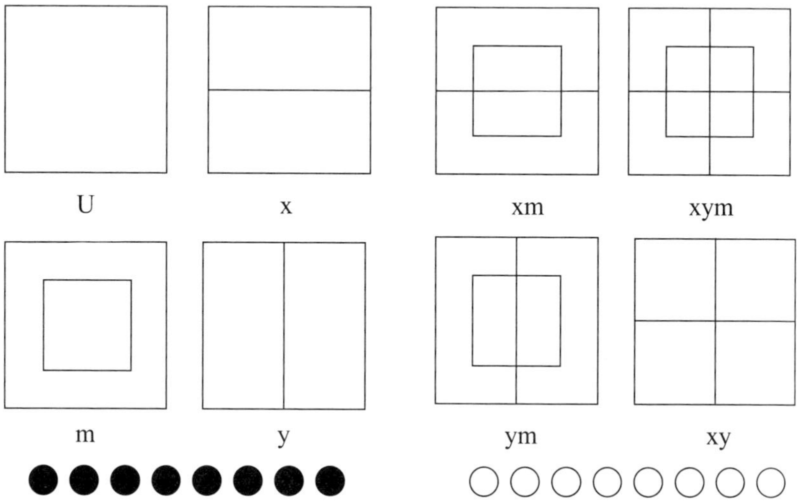

U　x　xm　xym

m　y　ym　xy

图 2　卡罗尔图解

在《符号逻辑》里，仅仅出现了 xy 图和 xym 图。虽然其余图形没有直接出现，但是都有文字描述。其中 U 图为论域的图形。x 图、y 图、m 图，分别称为一元图；xm 图、ym 图、xy 图，分别称为二元图；xym 图称为三元图。在《逻辑游戏》里，xy 图称为“小图”，xym 图称为“大图”。在文恩图解里，“阴影”表示该区域为空集，使用不便。卡罗尔图解的白色棋子完美地弥补了这个缺陷。自制棋具时，建议黑白棋子各 8 枚，棋子面积大约占据 xym 图里最小方格的二分之一。

2. 直言命题的图解与符号

特称肯定命题“有些 x 是 y”，在传统逻辑里符号化为 SIP（即 XIY），现代谓词逻辑符号为∃x（Sx∧Px）。卡罗尔发明了下标符号法，该命题表示为 xy_1，其中数字 1 是下标符号。为了书写方便，本文写作 Ixy；其中的大写字母 I 与下标数字 1 意思相同，与 SIP 里的 I 写法相同但位置提前了。它的意思是“集合 x 与集合 y 的交集不是空集（至少有一个元素）”。图解方法是：在 xy 二元图的对应区域里（即左上角）放置一枚黑色棋子。见图 3。这样的黑色棋子，卡罗尔有时画为⊙，有时画为“ I ”或者短线段，有时称为红色棋子。全称否定命题“所有 x 都不是 y（没有 x 是 y）”，传统符号为 SEP；谓词逻辑符号为∀x（Sx→¬ Px），它等值¬ ∃x（Sx∧Px）。它的下标符号为 xy_0，其中数字 0 是下标符号。本文写作 Exy，其中 E 与下标数字 0 意思相同，与 SEP 里的 E 写法相同但位置前移了。该命题意思是“集合 x 与集合 y 的交集是空集”。图解方法是：在图 3 左上角内放置一枚白色棋子。这样的白色棋子，卡罗尔画为字母 O 或数字 0，有时称为灰色棋子。

特称否定命题“有些 x 不是 y”，在传统逻辑里符号化为 SOP，现代谓词逻辑符号为∃x（Sx∧¬ Px）。卡罗尔看法独特，认为它不是一个基础的直言命题，而只是特称肯定命题的一种特殊形式“有些 x 是 not-y”，其中谓项是个否定词项。他用 y'表示 not-y，其中单撇号实际上是补集运算符号。下标符号为 xy'_1，本文写作 Ixy'。图解是在图 3 右上角放置一枚黑色棋子。全称肯定命题“所有 x 都是 y”，传统符号为 SAP；谓词逻辑符号为∀x（Sx→¬ Px），它等值¬ ∃x（Sx∧¬ Px）。由于卡罗尔坚信存在含义的观点，他认为该命题是双命题“没有 x 是 not-y，而且，有些 x 是 y”。根据莫克泰菲的研究，卡罗尔认为这种观点更符合日常语言，也便于逻辑学的推广应用。现代逻辑不采用存在含义观点，该命题应理解为“没有 x 是 not-y”，下标符号为 xy'_0，也写作 Exy'。在图 3 右上角单独放置一枚白色棋子即可。

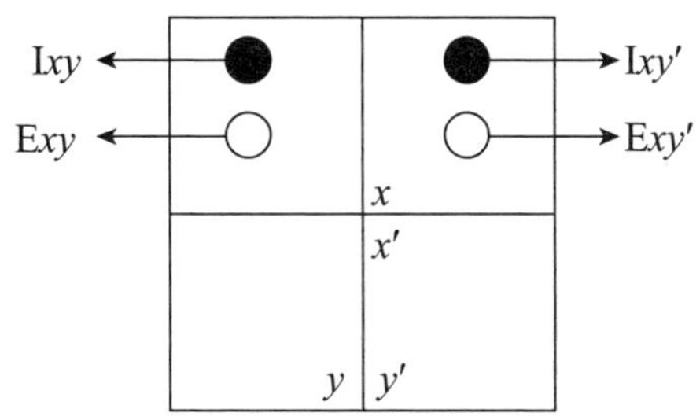

图 3　四个直言命题的图解

3. 推理规则

2.1　词项增减规则（简称 term±）

包含直言命题的复合命题也是可以图解的①。若两枚棋子之间是空白或者连接一条虚线线段，则表示合取命题。若在两枚棋子之间连接一条实线线段，或者在两个最小区域之间的分界线上放置一枚棋子（卡罗尔把这枚棋子称为“骑墙的”，setting on the fence），则表示析取命题。

论域之内含有两个词项（字母）的图解称为二元图；类似地，三个词项的是三元图，一个词项的是一元图。下面介绍的等值置换规则里，在两个棋盘之间，恰好只有一个词项不同而其余词项完全相同。例如，图 4a 与图 4b 比较，后者恰好多了一个词项 m，另外两个词项都是 x 和 y。棋盘的区域内放置棋子以后，就可以表达命题了。

图 4a 的一枚黑棋子位于 xy 区域内，表达了特称命题 Ixy，它也可以说成“有些 xy 存在”。图 4b 的一枚黑棋子骑在一条分界线上，分界线两边分别是区域 xym 和区域 xym'。它表达了析取命题“有些 xym 存在或者有些 xym' 存在”，符号化为 $\mathrm{I}xym \vee \mathrm{I}xym'$。下列词项增减规则成立：$\mathrm{I}xy \equiv \mathrm{I}xym \vee \mathrm{I}xym'$。图 4c 一枚白棋子位于 xy 区域内，表达了全称命题 Exy，它也可以说成“没有 xy 存在”。图 4d 的两枚白棋子位于一条分界线两侧，分界线两侧分别是区域 xym 和区域 xym'。它们表达了合取命题“没有 xym 存在而且没有 xym'存在”，符号化为 $\mathrm{E}xym \wedge \mathrm{E}xym'$。下列词项增减规则也成立：$\mathrm{E}xy \equiv \mathrm{E}xym \wedge \mathrm{E}xym'$。

---

① 闫文彤，赵世芳，闫晴．直言命题的皮尔士-文恩图［J］．重庆理工大学学报，2016（增刊 1）：164-166，170.

显然，在 xy 二元图的其他三个区域 xy'、$x'y$、$x'y'$，上述规则也是成立的。另外，在 x 一元图与 xy 二元图之间，论域图（词项个数为 0）与一元图之间，上述规则也是成立的。总之，词项增减规则可用文字表示为：N 元图的特称命题逻辑等值 N+1 元图的析取命题；N 元图的全称命题逻辑等值 N+1 元图的合取命题。如果采用谓词逻辑的符号，则表达更清晰。例如，

$\exists x\ (\mathrm{S}x \wedge \mathrm{P}x) \equiv [\exists x\ (\mathrm{S}x \wedge \mathrm{P}x \wedge \mathrm{M}x) \vee \exists x\ (\mathrm{S}x \wedge \mathrm{P}x \wedge \neg \mathrm{M}x)]$；

$\neg \exists x\ (\mathrm{S}x \wedge \mathrm{P}x) \equiv [\neg \exists x\ (\mathrm{S}x \wedge \mathrm{P}x \wedge \mathrm{M}x) \wedge \neg \exists x\ (\mathrm{S}x \wedge \mathrm{P}x \wedge \neg \mathrm{M}x)]$。

本文的词项增减规则主要来自哈默（2001 年）的连环增加规则（Add Circle）、连环减少规则（Remove Circle）①。刘新文（2012 年）也介绍了皮尔斯的研究成果，称为添加封闭曲线和删除封闭曲线规则②。卡罗尔在《符号逻辑》（1896 年）里，虽然没有明确提出这个规则，但实际上都有清晰的图解，并且应用了这条规则。参见该书表格 2、表格 5 和表格 6。因此，该规则可称为卡罗尔定理。

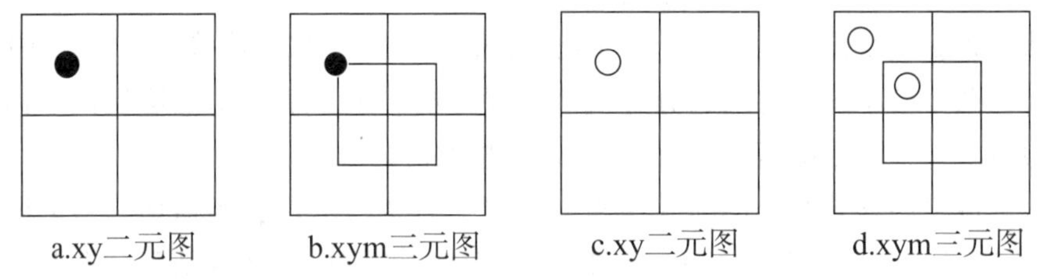

图 4　词项增减的规则

2.2　其他推理规则

在图式推理过程中，我们可以直接使用一些命题逻辑的推理规则。假设 P 和 Q 是任意的命题。附加律（Add.）：若 P；则 P ∨ Q。析取三段论

---

① Hammer E M，Diagrammatic Logic，D. M. Gabbay and F. Guenthner (eds.)，Handbook of Philosophical Logic，2nd Edition，Volume 4，395 - 422. © 2001 Kluwer Academic Publishers. Printed in the Netherland. 该文没有提到卡罗尔图解及其符号。关于直言命题的符号，卡罗尔采用了下标符号，是非常简洁优美的；哈默采用了表格，看起来很复杂，书写不便。关于直言命题的复合命题的图解，卡罗尔虽然没有明确的文字说明，但却明确表达了图形；皮尔斯（C. S. Peirce，1839—1914）与卡罗尔，他们或许同时发明了析取命题及合取命题的图解方法。

② 刘新文．图式逻辑［M］．北京：中国社会科学出版社，2012：52-106.（在卡罗尔图解里，棋盘不变，移动棋子。在皮尔斯图解里，棋盘棋子同时变化。）

（D. S.）：若 P∨Q，¬ P；则 Q。合取律（conj.）：若 P，Q；则 P∧Q。简化律（simp.）：若 P∧Q；则 P。假设 r 是任意的词项或集合，那么 Ir 与 Er 互为否定命题：Ir≡¬ Er，Er≡¬ Ir。

我们也可以使用一些词项逻辑的规则。假设 a 和 b 是任意的词项或集合。a′是集合 a 的补集；集合 a 与集合 b 的交集为 a∩b，简写为 ab。显然，根据交集运算的交换律，换位规则是成立的：Iab≡Iba；Eab≡Eba。根据补集运算的双否律，换质规则是成立的：Ia≡Ia″；Ea≡Ea″。

对当方阵比较复杂，只有使用谓词逻辑的符号才可以解释清楚。简而言之，对于单词项的命题，Ia，Ia′，Ea，Ea′，这四个命题之间的对当关系都是成立的。但是，对于双词项命题，需要分开讨论。Iab，I（ab）′，Eab，E（ab）′，这四个命题之间，对当关系都是成立的。但是，Iab，Iab′，Eab，Eab′，这四个命题之间，差等关系和反对关系都不成立，只有矛盾关系仍然成立：Iab≡¬ Eab；Iab′≡¬ Eab′。

若假设论域不是空集，则可以证明，I（ab）′≡Iab′∨Ia′b∨Ia′b′（后者是三个黑色棋子的析取命题）；E（ab）′≡Eab′∧Ea′b∧Ea′b′（后者是三个白色棋子的合取命题）。

4. 三段论的图解与证明

图式一

“所有 x 都不是 m，所有 y 都不是 not-m；所以，所有 x 都不是 y”，它相对于传统符号的第二格 AEE。我们符号化为：Exm，Eym'；∴ Exy。虽然三个命题都是二元图，但是命题之间的词项字母并不完全相同，因此它们的棋盘图形也是不同的，无法直接使用词项增减规则。参见图 5a、图 5b、图 5d。图中①~⑦表示白色棋子，类似于围棋的棋谱，其中数字为顺序编号。图 6 和图 7 中❶~❼等表示黑色棋子。图形变换过程如下：图 5a 和图 5b 分别应用规则 term±，得到两个三元图。再合并（conj.）得图 5c。应用简化律（simp.）和 term±，得到图 5d。逻辑符号的证明过程见表 1。

卡罗尔介绍说，不用画出图解，仅仅根据前提的符号，也可以求出有效的结论。若前提里中项 m 的撇号不同，则结论里词项 x 和词项 y 的撇号不变。例如，E$x'm$，E$y'm'$；∴ E$x'y'$。

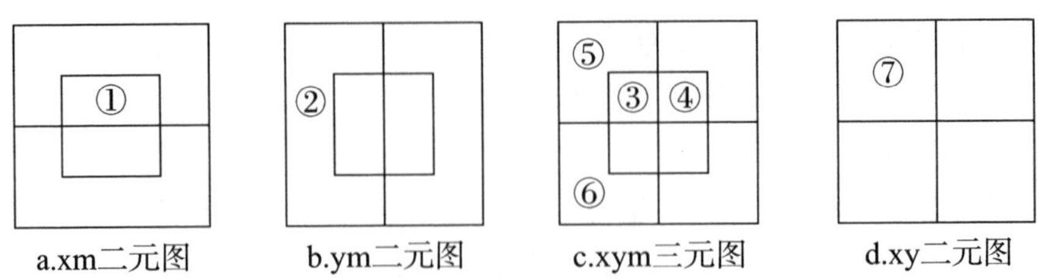

图 5　图式一

表 1　图式一的证明

1.	E*xm*	
2.	E*ym*′	
∴	E*xy*	
3.	E*xmy* ∧ E*xmy*′	1，term±
4.	E*ym*′*x* ∧ E*ym*′*x*′	2，term±
5.	E*xmy* ∧ E*xmy*′ ∧ E*ym*′*x* ∧ E*ym*′*x*′	3，4，conj.
6.	E*xmy* ∧ E*ym*′*x*	5，simp.
7.	E*xy*	6，term± ■

图式二

“所有 *x* 都不是 *m*，有些 *y* 是 *m*；所以，有些 not-*x* 是 *y*”，由于结论里的主项是否定词项，而传统逻辑里不讨论这样的直言命题，因此未列出这样的有效式。但是由于两类命题都可以换位，故图式二相当于四个格的 EIO。三个命题图解见图 6a、图 6b、图 6d。该式符号为 E*xm*，I*ym*；∴ I*x*′*y*。图形变换过程如下：图 6a 和图 6b 分别应用规则 term±得到两个三元图。再合并（conj.）得到图 6c。应用选言三段论（D. S.）、附加律（add.）等规则，可得图 6d。证明步骤见表 2。

若前提里中项的撇号相同，则在结论里全称命题的那个词项的撇号改变，而其他词项的撇号不变。例如，E*x*′*m*，I*ym*；∴ I*xy*。

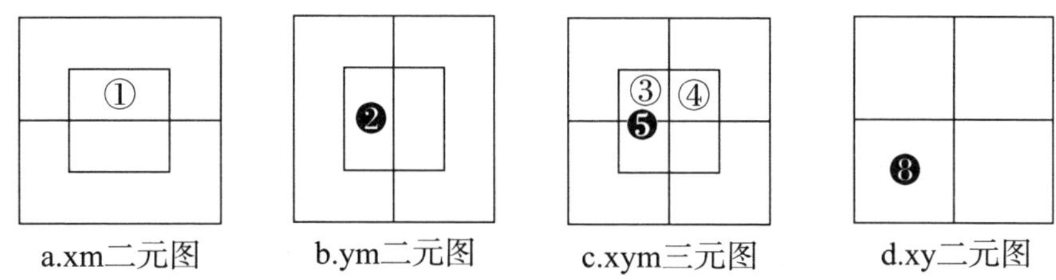

图 6 图式二

表 2 图式二的证明

1.	E*xm*	
2.	I*ym*	
∴	I*x′y*	
3.	E*xmy* ∧ E*xmy′*	1，term±
4.	I*ymx* ∨ I*ymx′*	2，term±
5.	E*xmy*	3，simp.
6.	I*ymx′*	4，5，D. S.
7.	I*ymx′* ∨ I*ym′x′*	6，Add.
8.	I*x′y*	7，term± ■

图式三

“所有 *x* 都不是 *m*，所有 *y* 都不是 *m*，有些 *m* 存在；所以，有些 not-*x* 是 not-*y*”，其中，第三个前提是新引入前提，意思是集合 *m* 不是空集，可以写作 I*m*。该图式符号为：E*xm*，E*ym*，I*m*；∴ I*x′y′*。I*m* 是单词项命题，在 m 一元图的区域 *m* 内放置一枚黑棋子即可。其余三个命题的图解都是二元图，见图 7b、图 7c、图 7f。图形变换过程如下：图 7a 应用规则 term±，可得图 7d。由于图 7d 和图 7b 都是 xm 二元图，可以直接应用合取律（conj.），得到新的二元图；后者再应用析取三段论（D. S.），得图 7e。现在有了图 7c 和图 7e，利用已经证明的图式二，可以得到图 7f。证明步骤见表 3。

若前提里中项具有存在含义而且撇号相同，则结论里两个词项的撇号都改变。例如，E*x′m*，E*y′m*，I*m*；∴ I*xy*。

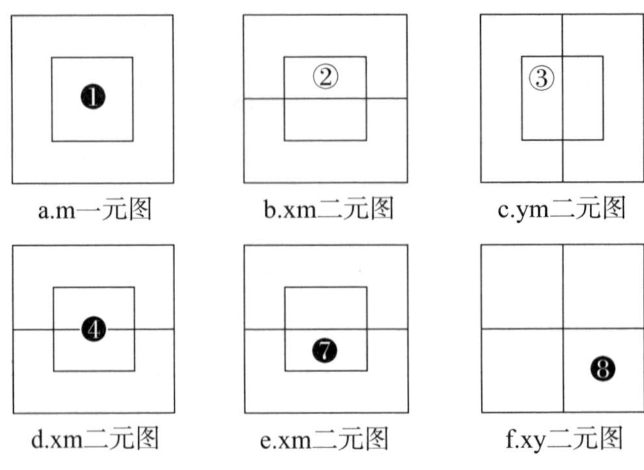

图 7　图式三的图解

表 3　图式三的证明

1.	$\mathrm{E}xm$	
2.	$\mathrm{E}ym$	
3.	$\mathrm{I}m$	
∴	$\mathrm{I}x'y'$	
4.	$\mathrm{I}mx \vee \mathrm{I}mx'$	3，term±
5.	$\mathrm{E}xm \wedge (\mathrm{I}mx \vee \mathrm{I}mx')$	1，4，conj.
6.	$\mathrm{I}mx'$	5，D. S.
7.	$\mathrm{I}x'y'$	2，6，图式二 ■

直言三段论的有效式共有 24 个。前提和结论都是全称命题的，都可以用图式一证明。前提一个全称一个特称而结论特称的，图式二都可以证明。前提都是全称而结论是特称命题的，有些可以使用图式三证明，例如 AAI-3；若使用图式三不能证明，则增加大项存在含义或小项存在含义，采用类似于图式三的方法，也是可以证明的。可谓：一图在手，三段论无忧。

关于全称肯定命题，卡罗尔假设它的主项具有存在含义。我们若不采用这种假设，则卡罗尔图解更加简便，且符合现代逻辑的观点。

闫文彤

2023 年 08 月

目录 CONTENTS

第一篇 集合

第二篇 命题

第三篇 二元图

第四篇　三元图

第五篇　三段论

第六篇　下标符号法

第七篇　连锁三段论

第八篇　习题、答案、解法

附　录

索　引

第一篇　集合[①]

① 原文直译为“事物及其属性”，本书译为“集合”，也可以译为“概念”“词项”。

第1章　导言

论域（universe）包含了“事物”（things）。

［例如，“我”“伦敦城”“玫瑰花”“红斑”“旧版英语书”“我昨天收到的那封信”，它们都是事物。］

事物具有“属性”（attributes）。

［例如，“巨大的”“红色的”“旧版的”“我昨天收到的”，它们都是属性。］

一个事物可能具有多个属性；而一个属性可能属于多个事物。

［因此，事物“这朵玫瑰花”可能具有下述属性：“红色的”“芳香的”“盛开的”等等。而属性“红色的”可能属于“这朵玫瑰花”“这块砖”“那条丝带”等事物］。

任意一个属性，或任意一组属性，都可以简称为属性（adjunct）。［引入这个词，目的是避免不断重复短语“属性或属性组”。因此，我们可以说，一朵玫瑰花具有那个属性“红色的”（简而言之，它具有属性“红色的”）；或者说，它具有属性“红色的、芳香的和盛开的”。］①

① 论域是预先假设的任意一个集合。若它的元素个数为 n，则全部子集个数为 2^n。假设论域 U 为 $\{a, b, c\}$，则元素 a 属于 U，子集 $\{a, b\}$ 包含于 U，元素 a 也属于子集 $\{a, b\}$。此时 U 的元素个数为 3，所以全部的子集个数为 $2^3=8$。另外，论域内的元素可以看作是事物；其中的子集可以看作是属性。

第 2 章　分类

“分类”，或者说构造一个类，是一种心理过程；我们认为，在这个过程中，我们把某些确定的事物放在一起，形成一个组，该组称为“类”（class）①。这个构造过程有三种不同的方式，详情如下。

（1）我们可以想象，所有事物都放在一起。所得之类（即“事物”的类）包含了论域内的全部事物。

（2）我们首先观察一个类的事物，然后可以想象，从中挑选出一些事物，所得事物具有一项确定的属性而非原来的属性。这个属性称为所得之类的特有属性（peculiar）。此时，相对于所得之类，原来之类称为属（genus）；相对于原来之类，所得之类称为种（species）；所得之类的属性称为种差（differentia）②。

因为这个过程完全是心理的，所以具有该属性的事物，无论它们是否存在，我们都可以完成这件事情。如果它们存在，该类称为实类（real）；若它们不存在，则该类称为虚类（unreal，imaginary）③。

［例如，我们可以想象，从一个类的事物里，我们选择一些事物，所有这些事物都有这样的属性：“物质的、人造的、由房屋和街道组成的”；这样我们就得到一个实类“城市”。这样，原来之类的“事物”称为属，“城市”称为种，“物质的、人造的、由房屋和街道组成的”称为种差。另外，我们也可以想象，从中挑选出一些事物，所有这些事物都具有属性“重达一吨、但婴儿能轻易举起的”；这样，我们就得到一个虚类“重达一吨、但婴儿能轻易举起的事物”。］

---

① 分类也叫归类。类，即集合（set）。已知一个集合，我们总是可以构造出一个子集。

② 已知两个集合，我们总可以比较它们，从而确定它们是否具有属种关系或包含关系。

③ 我们假设，集合的个数（基数）是有限的、可数的。至少有一个元素的集合称为实集（实类、非空集）。没有元素的集合称为空集（虚类、空类）。

(3) 我们首先观察一个确定的类，而不是该类的事物；然后可以想象，从中挑选出一些事物，所有这些事物具有一项确定的属性但没有全部类的属性。该属性称为较小之类的特有属性。此时，相对于较小之类，首先考察的那个较大之类称为属；较小之类称为较大之类的种；较小之类的特有属性称为种差。

[例如，我们考察“城市”这个类，想象一下，从中挑选出一些城市，所有这些城市都具有属性“烧煤气的”；因此，我们可能得到一个实类“烧煤气的城市”。在这里，我们将“城市”视为一个属，“烧煤气的城市”视为一个种，而“烧煤气的”则视为一个种差。在上面的例子中，如果我们把“烧煤气的”更换为“金砖铺地的”，那么我们可以得到一个虚类“金砖铺地的城市。”]①

只包含一个成员的那个类称为“个体”(individual)。

[例如，“拥有400万居民的城市”这个类，它只包含一个成员，即“伦敦”。]

因此，任意单独事物，为了区别于其他事物，我们可以给它命名，它可以视为含有单独事物的类②。

[因此，从“城市组”中挑选出来的“伦敦”，它也可以视为单独成员的类，其种差为“拥有400万居民的。”]

包含两个或多个成员的那个类，有时却被视为一个整体的事物。当这样看待时，它可能具有一个属性，但是，该类的任意成员都没有这个属性。③

[因此，“第十团的士兵”这个类，当它被视为一个事物时，可以具有属性“排成方阵的”；但是，该类里面各个成员都没有这个属性。]

---

① 在第（3）种形式里，此处以前的内容，与第二种形式重复了，再次介绍了属种关系，或者说原集合与子集的关系。下面介绍了含有单个元素的集合，一个集合是一个幂集的元素。按照现代集合论的常识，论域之内有集合（子集合）或元素。

② 现代逻辑明确区分一个元素和只包含一个元素的那个集合；而传统逻辑则无法区分。

③ 在集合论里，一个集合可以是一个幂集的元素。此处的解释，与三段论的四词项错误有关。另参考本篇第4章名称。

第3章　划分

第1节　导言[①]

划分（division）是个心理过程，首先考察若干事物的一个确定的类，然后把它拆分为两个或多个较小的类。

［例如，我们考察书籍这个类，可以将它拆分为两个较小的类："精装书""非精装书"；或者拆分为三个类："一元的书""一元以上的书""一元以下的书"；也可以划分为26个小类："书名以A开头的书""书名以B开头的书"，等等。］

由确定的类划分所得的每个小类都称为子类（codivisional）。

［因此，与"非精装书"一样，"精装书"也是个子类。类似的，与1815年其他那些事件一样，滑铁卢事件也是一个子类。］

因此，划分所得的类是它自己的子类。

［精装书这个类是它自己的子类。滑铁卢事件这个类是它自己的子类。］

第2节　二分法

如果我们已知一个确定的较大之类，想象一下，我们从中挑选出一个较小之类，那么很明显，较大之类的剩余部分，它不具有较小之类的属性。因此，它可以视为另一个较小之类，它的属性可以这样表示：在前一个较小之

① 已知一个集合，按照一个确定的标准（每个子集之间的交集都是空集，而且全部子集的并集等于原集合），我们可以求出它的全部子集。

类的词语上添加前缀“非”（not）；可见，由一个确定之类划分为两个子类，这两个子类之间是互相矛盾的。这种划分称为“二分法”（dichotomy）。

［例如，书籍可以划分为两个子类，它们的属性分别是“旧版的”“非旧版的”。］

在划分过程中，我们有时会发现，在平常谈话时，我们挑选的标准很模糊，很难决定究竟哪些事物属于这个类、哪些事物属于那个类。在这种情况下，为了确定一个子类究竟于何处开始于何处结束，精确的划分标准是必要的。

［例如，书籍划分为“旧版的”“非旧版的”，我们可以规定这样的标准：1801 年以前出版的为旧版的，其余年份的为非旧版的。］

从今往后，为了便于理解，如果一类事物被分成两个子类，它们的属性具有相反的含义，那么每个属性都等于添加了前缀“非”的另一个属性。

［例如，若书籍划分为旧版的和新版的，则旧版的等于非新版的，新版的等于非旧版的。］

采用二分法，一个类划分为两个较小之类，每个较小之类还可以再次划分，得到更小之类；这个过程可以一次又一次地重复，每重复一次，所得子类的数量就会翻倍。

［例如，书籍首先划分为“旧版的”“新版的（即非旧版的）”，每个子类再次划分为“英语的”“外语的（即非英语的）”，此时就可以得到四个子类，即①旧版英语的；②旧版外语的；③新版英语的；④新版外语的。如果首先将书籍划分为“英语的”“外语的”，然后再次划分为“旧版的”“新版的”，也将得到四个子类，即①英语旧版的；②英语新版的；③外语旧版的；④外语新版的。读者很容易发现，这四个子类与前面的四个子类的意思完全相同。］

第 4 章　名称[①]

“事物（Thing）”这个词语，它表达了一个事物的意思但没有表达属性的意思，即它表达了任意一个单独的事物。其他的词语（或词组），表达了一个事物的意思也表达了属性的意思，即表达了具有那个属性的任意一个事物。也就是说，它表达了那个类的任意成员，而那些成员的属性就是种差。总之，这样一个词语（或词组）就称之为“名称”；如果确实存在一个它所表达的事物，那么它就称之为那个事物的名称。

[例如，下列词语：“事物”“宝贝”“小镇”。下列词组：“有价值的事物”“由房屋和街道组成的人造的事物”“煤气之城”“黄金之城”“旧英语书”。]

根据一个类里是否至少有一个现存事物，将该类或者称为实类，或者称为虚类；类似的，根据一个名称是否表达了至少一个现存事物，将该名称或者称为实名称，或者称为虚名称。

[因此，“用燃气之镇”是一个实名称；“黄金铺地之镇”是一个虚名称。]

每个名称或者是一个单独的名词（substantive），或者是一个名词词组；后者由一个单独的名词和一个或多个形容词（或形容词词组）组成。除了单独词语“事物”，名称通常可以用三种不同的形式来表达：

（a）一部分是名词词语“事物”；另一部分是表示属性意思的一个或多个形容词（即形容词词组）。

（b）一部分是名词词语，其表示具有这个属性的这些事物；另一部分是一个或多个形容词（或用作形容词的词语），其表示这些事物具有那个属性。

（c）一个名词性词语，其表示具有全部属性的全部事物。

---

① 名称（name）表达了概念（词项）的内涵，也可以看作集合的符号或元素的符号。

[因此，词组“两手两脚的、动物界的、有生命的、事物”是个名称，其语言表达式为形式（a）。如果我们将名词“事物”和形容词“动物界的、有生命的”组合在一起，那么就会得到一个新名词“动物”；就得到一个新词组“两手两脚的、动物”，它的语言表达式为形式（b）(和以前的表达式一样，它们表达了相同的事物)。进一步，如果我们将上述词组再次合并成一个词语，从而形成一个新名称“人类”；所得名称的语言表达式为形式（c）（它也代表相同的事物)。]①

一个名称，若它的名词表达了复数意思时，则它可能具有两种完全不同的使用方法：(1) 该类的全部成员被视为一组各自分开的单独的事物；(2) 该类的全部成员被视为一个不可分开的完整的事物②。

[因此，当我说“第十团士兵是高大的”或者“第十团士兵是勇敢的”，其中“第十团士兵”这个名称是第（1）种用法；就好像我要逐个地指出，它们各自分别如何如何：“这个第十团士兵是高大的”“那个第十团士兵是高大的”等等。但是，当我说“第十团士兵排成方阵”，其中“第十团士兵”这个名称却是第（2）种用法；该句与下句的意思相同：“整个第十团士兵排成方阵。”]

① 假设论域为所有事物的集合。a 是指下列三个集合的交集：两手两脚的事物、动物界的事物、有生命的事物。b 是指下列两个集合的交集：两手两脚的事物、称为动物的事物。c 是指下述单个集合：称为人类的事物。

② 一个元素具有一个属性，是一阶命题。一个集合具有一个属性，是二阶命题。

第5章　定义[①]

显然，每个种的成员都是该属的成员，该种是从该属里挑选出来的，而且这些成员具有该种的种差。因此，该种的名称可以表示为两部分：一部分是表达该属任意成员的名称，另一部分是该种的种差。这个名称称为该种任意成员的“定义”（definition），而给它这样一个名称就是“定义”（define）的过程。

［因此，我们可以将“宝贝”定义为“有价值的事物”。在这种情况下，我们将“事物”看作属，“有价值的”看作该种的种差。］

下面的例子可以作为模型，以便于读者写出类似的定义。

［注意，下述定义中，表示属的一个或多个成员的名词词语，都是大写字母的形式（即词语 thing，事物）。］

1. 定义“一件宝贝”。

答：“一件有价值的事物。”

2. 定义“一些宝贝”。

答：“一些有价值的事物。”

3. 定义“一座城市”。

答：“由房屋和街道组成的人造的事物。”

4. 定义“人类”。

答：“有两手和两脚的、动物界的、有生命的事物”，或者，“有两手和两脚的动物”。

5. 定义“伦敦”。

答：“有房屋和街道的、有 400 万居民的、人造的这个（the）事物”，或

① 属加种差定义法。定义项和被定义项，虽然它们的名称（或内涵）不同，但是它们具有相同的元素（外延）。假设集合 a 划分为集合 b 和集合 c，则 b 位于 a 之内而 c 之外，即 $b=(a\cap c')$。

者，“有 400 万居民的这个（the）城市”。

[请注意，在例 5 里，我们这里使用的是“这个”（定冠词 the）而不是“某个”（不定冠词 a），因为我们碰巧知道，仅有一个这样的事物。读者可以自己练习一下定义的方法。例如，选择一些常见事物的名称（如房屋、树木、刀叉），你可以写出它们的定义；然后参考字典，检测你的答案。]

第二篇　命题

第1章　命题概述[①]

第1节　导言

术语“有些”（some），意思是指“一个或一个以上”的事物如何如何。

术语“命题”（proposition），在日常对话中，有时用一个词语，有时用一个词组，就可以简单地表达出它的意思。

[因此，在日常生活中，单个词语“是”和“否”都是命题（语句）；词组“你欠我5元钱”和“我不欠”，它们也都是命题。又比如，词语“哦”或者“从不”，词组“给我那本书”“你要哪本”乍一看，它们似乎都不是命题；但根据说话的背景，可以很容易将它们翻译为等值形式的命题，即“我很惊讶”“我从不同意”“我命令你给我那本书”“我想知道你要哪本书”。]

但是，在本书中，命题有着规范的形式，称之为“标准形式”（normal form）；在一个论证里，如果我们正在讨论的命题不是标准形式，那么在讨论之前，必须把它翻译为这样的标准形式。

在一个标准形式的命题里，包含两个确定的类（集合），称为主语（subject）和谓语（predicate）；命题可能断定了如下三种情况：

（1）有些主语的成员是谓语的成员；

（2）没有主语的成员是谓语的成员；

① 集合不是命题。断定一个集合是空集，则它是一个命题；断定一个集合不是空集，则它也是一个命题。若有两个集合，断定它们之间是包含关系（或种属关系），则它是一个命题；断定它们之间不是包含关系，则它也是一个命题。

(3) 所有主语的成员都是谓语的成员①。

命题里的主语和谓语都称为词项（terms）。

如果两个命题表达了相同信息，那么它们是等值的（equivalent）。

[例如，“我看见约翰”“约翰被我看见”，这两个命题是等值的。]

第2节 命题的标准形式

每个标准形式的命题都有四个部分，即

(1) 词语“有些”“没有”“所有”。[这些词语称为量词标记（sign of quantity），它告诉我们几个主语的成员也是谓语的成员。]

(2) 主语的名称。

(3) 动词“是”或“都是”[它们称为联词（copula）]。

(4) 谓语的名称。

第3节 命题的种类

“有些”开头的命题称为“特称的”（particular）命题，也称为I命题。

[注意，它被称为“特称的”，因为它只涉及主语的一部分成员。]

“没有”开头的命题称为“全称否定的”（universal negative）命题，也称为E命题。“所有”开头的命题称为“全称肯定的”（universal affirmative）命题，也称为A命题。[注意，它们被称为“全称的”，因为它们指的是主语的全部成员。]②

① 卡罗尔不喜欢特称否定命题，没有列出第四种情况：有些主语的成员不是谓语的成员。

② 按照不同的量词和联词，所有的命题通常划分为四种：全称肯定A，全称否定E，特称肯定I，特称否定O。

主语是个体词的命题都看作全称命题。

[以命题“约翰是身体不好的”为例，说明如下。当然了，该命题确实说明了至少存在一个个体，就是说话者指着“约翰”说的、听话者也知道所指的那个人。因此，“说话者指着‘约翰’说到的那些人”这个类是一个单独成员的类。这个命题等于下列命题：所有的人，即说话者指着“约翰”说到的那些人，是身体不好的。]①

命题也可以划分为两种类型：“存在命题”和“关系命题”。下面两章分别讨论②。

① 元素 j 表示约翰，单元素集合 {j} 表示 {约翰}，集合 P 表示身体不好的人。对于这个命题，卡罗尔的意思是，集合 {j} 包含于集合 P，即 $\{j\}\subseteq P$。而现代逻辑却表示为：元素 j 属于集合 P，即 $j\in P$。符号⊆表示两个集合之间的包含于关系，符号∈表示元素与集合之间的属于关系。现代逻辑认为，主语是个体词的命题称为单称命题，它没有量词，完全不同于全称命题。

② 按照命题断定的集合数量划分，所有命题划分为两种：存在命题、关系命题。存在命题断定了一个集合，即该集合是否为空集。关系命题断定了两个集合，即这两个集合之间是否具有种属或全异等关系。

第 2 章 存在命题

按照命题的标准形式，存在命题（proposition of existence）也有四个部分，其中的主语是指“现存事物”的类；量词标记是“有些”“没有”。

[注意，尽管它的量词标记告诉我们几个现存事物是谓语的成员，但是没有告诉我们精确的现存事物的数量；事实上，只告诉我们两个大概的数量，按照升序排列，“0 个”和“1 个以上”。] ①

称为“存在命题”的原因是，这样的命题断定了谓语的真实性（即真实的存在）或虚假性（即虚假的存在）。

[因此，命题“有些、现存事物、是、正直的人”（some existing things are honest men），它断定了：正直的人这个类是实类（the class “honest men” is real）②。

该命题是标准形式，下列几个命题不是标准形式，但也表达相同的意思。

(1) 正直的人存在；

(2) 有些正直的人存在；

(3) 正直的人这个类存在；

(4) 有人是正直的人；

(5) 有些人是正直的人。

类似的命题，“没有、现存事物、是、身高 50 尺的人”（no existing things

---

① 卡罗尔的存在命题，其与现代谓词逻辑的表达方法是一致的。存在量词表示特称命题，再用其否定形式表达全称命题。他非常巧妙地表达了含有单个词项的命题，而传统逻辑是无法表达的。

② 令 H 为正直的人的集合。该命题的意思是：集合 H 不等于空集。令 Hx 表示 x 是正直的人，∃为特称量词符号（或存在量词），∃xHx 表示有些人是正直的人。

are men fifty feet high），它断定了：身高 50 尺的人这个类是虚类（the class "men 50 feet high" is imaginary）[①]。该命题也是标准式。下列几种命题不是标准形式，但也表达相同的意思。

（1）身高 50 尺的人不存在；

（2）没有身高 50 尺的人存在；

（3）身高 50 尺的人这个类不存在；

（4）没有任何人是身高 50 尺的人；

（5）没有人是身高 50 尺的人。

---

① 令 F 为身高 50 尺的人的集合。该命题的意思是：集合 F 等于空集。令 Fx 表示 x 是身高 50 尺的人，$\sim\exists xFx$ 表示没有身高 50 尺的人。

第3章　关系命题

第1节　导言

这里讨论的关系命题具有两个词项，这两个词项表示的类同时都是论域的子类，这两个词项表示的名称必须分别表达两个属性，但是不能互相表达。

[所以，命题“有些商人是守财奴”是合适的，因为在论域“人”里，商人和守财奴都是它的子类；又因为名称“商人”表示了“从事商业的”属性，名称“守财奴”表示了“吝啬的”属性，这两个名称不能互相表达而能明确区别。

但是，命题“有些狗是塞特猎狗”是不合适的，因为尽管狗和塞特猎狗同时都包含于论域“动物”，名称“狗”的属性与名称“塞特猎狗”的属性之间可以互相表达而不好区别。]

这两个词项表达了两个种，而包含它们的那个属称为“讨论的论域”(universe of discourse)，简称论域（univ.）。

量词标记是“有些”“没有”“所有”。

[注意，尽管量词标记告诉我们几个主语成员也是谓语成员，但是它没有告诉我们精确的主语成员的数量；事实上，它只告诉我们三个大概数量，按照升序排列是：0个，1个以上，全部的主语成员。]

这样的命题断定了如下情况：在两个词项（或集合）之间具有一种确定的关系；所以称之为关系命题（a proposition of relation）①。

① 在现代谓词逻辑里，关系命题是指个体（或称元素）之间的关系。本书的关系命题是指集合（类）之间的关系。按照集合论的看法，关系命题断定了两个集合的对比情况，即四种直言命题分别具有四种不同关系。全称肯定命题SAP，其意思是集合S和集合P之间具有包含于的关系，即$S \subseteq P$。全称否定命题SEP，其意思是集合S和集合P之间具有全异关系，即$S \subseteq P'$。欧拉图解可以很好地表达包含于关系。SIP是SEP的否定。SOP是SAP的否定。

第2节　关系命题简化为标准形式

简化规则如下：

（1）确定主语（即我们正在讨论的那个类）。

（2）如果支配主语的动词不是系动词“是”，那么替换为一个以“是”开头的词组。

（3）确定谓语（即谓语表达的那个类）。

（4）如果两个词项的名称都是完整表达的（即名称里含有表示论域的个体名词），那么就无须确认论域。但是，如果有的名称是不完整的，仅仅含有谓语属性的词语，那么必须确认论域，以便于插入个体名词。

（5）确定量词标记（主语成员的数量是：有些、没有、所有）。

（6）按照量词、主语、联词、谓语的顺序排列语句。

以下例题解释了简化规则。

例1　有些苹果是未成熟的。

（1）主语是“苹果”。（2）系动词为“是”。（3）谓词为“未成熟的某某”（由于没有个体名词，未确定论域，所以我们被迫留下空白某某。）（4）令论域为“水果”。（5）量词符号为“有些”。（6）现在这个命题变成了：有些、苹果、是、未成熟的水果（SIP’）。

例2　我的股票没有获利高达5%。

（1）主语是“我的股票”。（2）动词是“获利高达5%”，它可以置换为系动词词组：是、那些获利高达5%的某某。（3）谓语是“那些获利高达5%的某某”。（4）令论域为“投资”。（5）量词符号是“没有”。（6）现在这个命题变成了：没有、我的股票、是、获利高达5%的投资（SEP）。

例3　只有英雄配美人。

首先我们注意到，词组“只有英雄如何如何”等于“没有非英雄如何如何”。

（1）主语为“非英雄的”；由于没有个体名词的信息，所以主语应为“非英雄的某某”。（2）动词是“配美人”，我们置换为系动词词组“是、配美人

的”。(3) 谓语为“配美人的某某”。(4) 令论域为“人”。(5) 量词符号为“没有”。(6) 现在这个命题变成了：没有、非英雄、是、配美人的人（S’EP）①。

例 4 瘸狗不会说“谢谢”，如果你送给它跳绳。

(1) 主语显然是“瘸狗”，句子其余部分应该压缩为一个适当的谓语。(2) 系动词置换为“是、不喜欢如何如何”。(3) 谓词可以压缩为“不喜欢跳绳的某某”。(4) 令论域为“狗”。(5) 量词符号为“所有”。(6) 现在这个命题变成了：所有、瘸狗、都是、不喜欢跳绳的狗（SAP’）。

例 5 没有一个人接受采访，除非他受过良好教育。

(1) 主语显然是“未受过良好教育的人”。“没有一个”显然是指“没有人”。(2) 动词是“接受采访”，我们可以置换为“是、接受采访的人”。(3) 谓词是“接受采访的人”。(4) 令论域为“人”。(5) 量词符号是“没有”。(6) 现在这个命题变成了：没有、未受过良好教育的、是、接受采访的人（P’ES）②。

例 6 我的马车会在车站接你。

(1) 主语是“我的马车”。它是个体词语，相当于“我的马车”这个类（请注意，该类只包含一个成员）。(2) 动词是“会在车站接你”，置换为“是、会在车站接你的某某”。(3) 谓语是“会在车站接你的某某”。(4) 令论域为“事物”。(5) 量词符号是“所有”。(6) 现在这个命题变成了：所有、我的马车、都是、会在车站接你的事物（SAP）。

例 7 幸福是那个不知牙痛的人。

(1) 主语显然是“那个不知牙痛的人”。(注意，在这个句子中，谓语在前而主语在后。) 乍一看，主语似乎是一个“个体”；但仔细思量，我们发现“那个”（冠词，the）不意味着仅仅只有一个这样的人。

因此，“那个不知牙痛的人”相当于“每个不知牙痛的人”。(2) 动词为

---

① none but S are P，简化为 no not-S are P，即 S’EP. 或者简化为 all not-S are not-P.

② no S，unless P，简化为 no not-P are S. 即 P’ES. 或者简化为 all not-P are not-S.

“是”。(3) 谓语是“幸福的某某”。(4) 令论域为“人”。(5) 量词符号是“所有”。(6) 现在这个命题变成了：所有、不知牙痛的人、都是、幸福的人（S’AP）①。

例 8 有些农民总是抱怨天气，而不论天气好坏。

(1) 主语是“农民”。(2) 动词是“抱怨如何如何”，我们置换为系表结构“是、那些总是抱怨如何的某某”。(3) 谓语是“那些总是抱怨如何的某某”。(4) 令论域为“人”。(5) 量词符号是“有些”。(6) 现在这个命题变成了：有些、农民、是、那些总是抱怨天气而不论天气好坏的人（SIP）。

例 9 没有羊羔是习惯于抽雪茄的。

(1) 主语是“羊羔”。(2) 动词为“是”。(3) 谓语是“习惯于抽雪茄的某某”。(4) 令论域为“动物”。(5) 量词符号是“没有”。(6) 现在这个命题变成了：没有、羊羔、是、习惯于抽雪茄的动物（SEP）。

例 10 我不理解那些异常顺序的例题。

(1) 主语是“那些异常顺序的例题”。(2) 动词是“我不理解”。我们必须把主动语态改变为被动语态，以便引入个体名词“例题”；替换为系动词，我们得到“是、我不理解的某某”。(3) 谓语是“是、（被）我不理解的某某”。(4) 令论域为“例题”。(5) 量词符号是“所有”。(6) 现在这个命题变成了：所有、那些异常顺序的例题、都是、我不理解的例题。(SAP’)②

第 3 节 “所有”开头的关系命题是双命题③

“所有”开头的关系命题，其断言（正如我们已经知道的那样）“所有主语的成员都是谓语的成员”。这显然包含了一个较小的命题，其主语成员是上

① 在自然语言中，该语句的表语从句翻译为标准式命题的主语。

② 该语句的宾语从句翻译为标准式命题的主语。

③ 卡罗尔认为，全称肯定命题“所有 S 都是 P”的标准式是下述两个命题的合取命题：有些 S 是 P，没有 S 是 not-P。显然，该“双命题”与特称肯定命题之间的差等关系是成立的；但是它与特称否定命题之间的矛盾关系是不成立的。现代逻辑认为，“所有 S 都是 P”与“没有 S 是 not-P”等值，不是双命题，也没有“有些 S 是 P”的意思。

句主语成员的一部分，“有些主语的成员是谓语的成员”。

[因此，命题“所有银行家都是富人”，其显然包含了较小的命题“有些银行家是富人”。]

现在问题来了，较小命题之外的剩余信息是什么？为了回答这个问题，我们从较小命题开始，“有些主语成员是谓语成员”，并且假设这是我们已知的全部信息；为了明白较大命题“所有主语成员都是谓语成员”，我们必须找出剩余信息。

[因此，可以假设，较小命题“有些银行家是富人”就是我们已知的全部信息；我们可以继续调查，为了搞清较大命题“所有银行家都是富人”，还需要添加哪些其他命题。]

我们再假设，论域（即属，主语和谓语都是它的种）划分（采用二分法）为两个较小的类，即

（1）谓语的类；

（2）否定谓语的类。

[所以，我们假设属为“人”（“富人”和“银行家”都是它的种），那么该属就可以划分为两个较小的类——富人和穷人。]

现在我们知道，每个主语成员都是论域的成员。因此，每个主语成员或者属于（1）类，或者属于（2）类。

[因此我们知道，每个银行家都是该属“人”的成员。每个银行家或者属于“富人”类，或者属于“穷人”类。]

在此情况下，我们也已知道，有些主语成员属于（1）类。为了知道所有主语成员的情况，剩余主语成员如何呢？显然我们已经知道，它们都是不属于（2）类；（2）类是指否定谓语的类。

[因此，假设我们已经知道，有些银行家在“富人”类之中。为了知道所有银行家究竟位于何处，我们还需要知道其他银行家位于何处。显然我们还要知道，所有这些银行家都不在“穷人”类之中。]

所以，“所有”开头的关系命题是个双命题，它等于（是指提供了相同信息）如下两个命题：(1)“有些主语的成员是谓语的成员”；(2)“没有主语成员是否定谓语的成员”。［因此，命题“所有银行家都是富人”是一个双命题，它与这两个命题等值：(1)“有些银行家是富人”；(2)“没有银行家是穷人”。］

第4节　关系命题中的词项是实类吗？

请注意，这里的规则是本人规定的，只适用于我的《符号逻辑》第一部(即本书)。以“有些”开头的关系命题，就可以理解为如下断定：有些现存事物，它们既是主语成员也是谓语成员；即有些现存事物同时是这两个词项的成员。因此，它应该理解为如下意思，每个词项自身都是实类。

［因此，命题“有些富人是病人”可理解为如下断定：有些现存事物既是富人也是病人。因而它意味着两个类“富人”和“病人”，各自都是实类。］

以“没有”开头的关系命题，从今以后就可以理解为如下断定：没有现存事物，它们既是主语成员也是谓语成员；即没有现存事物同时是这两个词项的成员。

但这并不意味着，这两个类各自都是实类。

［因此，命题“没有美人鱼是女商人”可以理解为：没有现存事物既是美人鱼也是女商人。但这并不意味着，这两个类“美人鱼”“女商人”各自是实类还是虚类。本例中，主语为虚类，谓语为实类。］①

“所有”开头的关系命题，包含一个“有些”开头的类似命题（见第3节）。因此，它应该理解为如下意思，每个词项自身都是实类。

［因此，命题“所有鬣狗都是凶恶的动物”包含命题“有些鬣狗是

① 现代谓词逻辑里不采用这个规定，即关系命题的词项（类或集合）可以是空集，也可以不是空集。

凶恶的动物"。因此它意味着，"鬣狗""凶恶的动物"，这两个类都是实类。]

第5节　关系命题翻译为存在命题[①]

我们已经看到，"有些"开头的关系命题断定了：有些现存事物，它们既是主语的成员也是谓语的成员。因此它也断言了：有些现存事物是两者的成员；即有些现存事物是这个类的成员，而且该类成员具有主语和谓语的全部属性。因此，如果该命题翻译为存在的命题，那么我们把"现存事物"作为新主语，把主语和谓语的全部属性作为新谓语。

"没有"开头的关系命题，翻译方法相同（量词"有些"更换为"没有"即可）。

"所有"开头的关系命题等于两个命题的合取命题，一个以"有些"开头，另一个以"没有"开头。我们已知如何翻译。

[下面几个例题，解释了这些翻译规则。

例1　有些苹果是未成熟的。我们可以用表格说明：

有些	量词符号
现存事物	主语
是	联词
未成熟的苹果	谓语

也可以文字说明存在式：有些、现存事物（水果）、是、未成熟的苹果。

例2　有些农民总是抱怨天气，而不论天气好坏。存在式为：有些、现存事物（人）、是、那些总是抱怨天气而不论天气好坏的农民。

例3　没有羊羔是习惯于抽雪茄的。存在式为：没有、现存事物（动

---

① 存在命题的形式与一阶一元谓词逻辑的符号非常相似。例如：特称肯定命题（SIP）为$\exists x(Sx \wedge Px)$。全称否定命题（SEP）为$\sim\exists x(Sx \wedge Px)$，即$\forall x(Sx \rightarrow \sim Px)$。特称否定命题（SOP）为$\exists x(Sx \wedge \sim Px)$。全称肯定命题（SAP）为$\sim\exists x(Sx \wedge \sim Px)$，即$\forall x(Sx \rightarrow Px)$。

物)、是、习惯于抽雪茄的羊羔。

例 4 我的股票没有获利高达 5%。存在式为：没有、现存事物（投资）、是、获利高达 5%的我的股票。

例 5 只有英雄配美人。存在式为：没有、现存事物（人)、是、配美人的非英雄。

例 6 所有银行家都是富裕的人。它相当于两个命题："有些银行家是富裕的人"和"没有银行家是贫穷的人"。存在式为："有些、现存事物（人)、是、富裕的银行家"和"没有、现存事物（人)、是、贫穷的银行家"。]

[习题 §1，1-4（第 100 页)。]

第三篇　二元图①

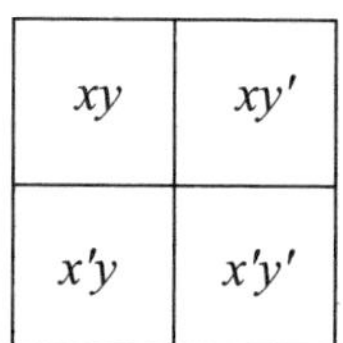

①　二元图是含有两个字母的图形，可以表达含有两个词项（类）的命题。在《逻辑的游戏》里，二元图称为小图。二元图里的方格或区域表示集合。一个方格之内放置一个棋子表示一个（原子的、不可再拆分的）命题。两个相邻方格分别放置一个棋子，两个棋子之间为空白，此时该图表示一个合取命题。两个相邻方格之间的分界线上放置一个棋子，此时该图表示一个析取命题。在现代的图式逻辑里，两个棋子之间的线段表示析取联结词；两个棋子之间没有线段（即空白）表示合取联结词。第 3 章介绍由命题画出（摆出）图形；第 4 章介绍由图形读出命题。

第1章　棋盘和集合[①]

首先，我们假设，上图是一个大方框围住的棋盘，其表示若干事物的一个确定的类。我们把它看作我们“讨论的论域”，简称为“论域”。

[例如，我们可以说，令论域为“书”。我们也可以想象，上图是个大桌子，堆放着所有的书籍。]

[强烈建议读者，在阅读本章时不要使用上图，而是自己画一个没有字母的空白图形；然后放在手边，随时可以指出图中方格表示的意思。]

其次，我们假设，我们已经选择了一个确定的划分标准，该大类划分为两个较小的类，其属性分别是 x 和 not-x（not-x 简写为带撇号的 x'）；令北半图表示一个小类（称之为“事物 x 的类”或“x 类”），令南半图表示另一小类（称之为“事物 x' 的类”或“x'类”）[②]。

[例如，我们可能会说，令字母 x 表示“旧的”，则字母组 x' 表示“新的”。可以想象，我们把“书”划分成了两个较小的类，其属性分别是“旧的”“新的”。如果把它看作桌子，北半部分堆放着“旧的书”，南半部分为“新的书”。]

第三，我们假设，我们选择了另一个属性，称之为 y；再把 x 类连续划分为两个更小的类，其属性分别为 y 和 y'；则西北格表示一个类（xy 类），东北格表示另一个类（称之为 xy'类）。

[例如，字母 y 表示英语的，则 y' 表示外语的；可以想象，把“旧

① 方格或区域表示集合。本章既介绍了二元图，也介绍了一元图。

② 撇号（apostrophe）不是汉语中的标点符号，但是可以在汉语拼音中使用，如“西安”为 Xi’an。在英语中使用广泛，可表示名词所有格、名词复数、省略若干字母。本书中撇号的意思是集合论里的补集运算符号，即集合 x 的补集（complementary set）写作 x'。

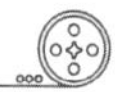

的书”连续划分为两个更小之类，其属性分别是“英语的”“外语的”；则西北格表示“旧的英语书”，东北格表示“旧的外语书”。]

第四，我们假设，我们以同样的划分标准，连续划分 x'类，那么西南格表示 $x'y$ 类，东南格表示 $x'y'$类。

[例如，可以想象，连续划分“新的书”，得到两个更小之类“新的英语书”和“新的外语书”，那么西南格表示前一个类，东南格表示后一个类。]』①

很明显，如果我们首先划分 y 和 y'，然后再连续划分 x 和 x'，那么会得到相同的四个小类。我们将西半图表示 y 类，东半图表示 y'类。

[因此，在上例中，我们可以发现，桌子的西半部分是“英语书”，东半部分是“外语书”。事实上，如图所示，桌子四角堆放着四种不同的书。]

英语的、旧的书	外语的、旧的书
英语的、新的书	外语的、新的书

读者应该仔细记住，在词组“x-事物”里，“事物”是指一种特殊的事物，即全部论域里的那些个体。

[因此，如果我们说，令论域为“书”，我们的意思是，我们已经把整个图形表示为“书”。在这种情况下，如果我们把“x”理解为“旧的”，那么词语“x-事物”的意思就是“旧的书”。]

读者不应该继续读下一章，直到他完全熟悉我建议他画的那个空白图（即“田”字棋盘）。他应该能立即说出，在下表里，左栏每个属性对应于右栏哪个区域，或者右栏每个区域对应于左栏哪个属性。为了确保这一点，他最好把书交到一个和蔼可亲的朋友手里，而他自己只拿空白图，朋友拿着这个表格，尽量随机地提问。问答形式如下：

---

① 和地图一样，二元图上部称为北，下部为南，左侧为西，右侧为东。所以，四个方格分别称为西北格、东北格、东南格、西南格。

表 3–1　二元图中，集合（属性）对应的区域[①]

属性（集合）	区域或方格
x	北半图
x'	南半图
y	西半图
y'	东半图
xy	西北格
xy'	东北格
$x'y$	西南格
$x'y'$	东南格

Q. 西半图的属性？

A. y

Q. xy'的方格 ？

A. 东北格

Q. 西南格的属性？

A. $x'y$

……

经过一段时间练习，在回答问题时，他会发现自己可以不用手拿空白图，在心里就能看到它们。当达到这个结果时，他可以放心地阅读下一章了。

① 表 3–1 列出了二元图里集合与区域的一一对应关系。x 和 y 表示集合，x'表示集合 x 的补集，xy 是个简化的写法，表示 x 和 y 的交集，即 $x \cap y$。特别应该注意如下情况：(1) 一元图实际上有三个不同的图形。词项 x 的图形，大方框内一条横线，上侧区域为 x，下侧区域为 x'。词项 y 的图形，大方框内一条竖线，左侧区域为 y，右侧区域为 y'。词项 m 的图形，大方框内一个小方框，小方框内侧为 m，小方框外侧为 m'。卡罗尔虽然没有画出一元图的图形；显然，读者可以很简单地画出来。(2) 二元图实际上也有三个不同的图形。卡罗尔的二元图都是词项 x 和词项 y 的，而没有词项 xm 的，也没有词项 ym 的。词项 xm 的二元图：在大方框内，一条横线穿过其中的小方框；从上到下共有四个区域，分别是 xm'，xm，$x'm$，$x'm'$。词项 ym 的二元图：在大方框内，一条竖线穿过其中的小方框；从左到右共有四个区域，分别是 ym'，ym，$y'm$，$y'm'$。(3) 论域相同时，一元图与二元图之间，它们的集合之间具有等量关系。例如，在 x 图与 xy 图之间，$x = [(x \cap y) \cup (x \cap y')]$；$x' = [(x' \cap y) \cup (x' \cap y')]$；同理，在 y 图与 xy 图之间，$y = [(x' \cap y) \cup (x \cap y)]$；$y' = [(x \cap y') \cup (x' \cap y')]$。其他的一元图与二元图之间，也有类似的等量关系。

第 2 章　棋子和命题

我们假设，如果一个方格内放置一个红棋子，那么其意思是“该方格已占用”（即该方格内至少有一个事物）。

假设，若在两个方格之间的分界线上放置一个红棋子，则其意思是“这两个方格组成的整个区域已占用，但不知道究竟哪个方格已占用”。因此，可以理解为“两个方格中至少有一个已占用，也可能两个都已占用”。我们聪明的美国朋友发明了一个短语来描述那个人的状况，他无法下定决心究竟加入两个政党中的哪一个，这样的人称为“骑墙派”（sitting on the fence）。这个短语准确地描述了那个红棋子的状况①。

假设，若一个方格内放置一个灰棋子，则其意思是“该格是空的”，即该格内没有事物。

［读者最好再准备四枚红棋子和五枚灰棋子。］②

---

① 这个骑墙派的棋子，实际上表达了含有两个支命题的析取命题。为了表达命题，卡罗尔实际上使用了四种标记符号：红棋子、灰棋子都是明确介绍的；但是，表达析取联结词和合取联结词的标记符号，虽然实际上使用了，却没有明确说明。

② 读者可以直接使用中国围棋的棋子，黑棋子代替卡罗尔的红棋子，白棋子代替卡罗尔的灰棋子。实际上，若两种棋子互相区别，所有棋子都可以使用。在卡罗尔《逻辑游戏》里，红棋子比喻为晴朗天空的红色太阳；灰棋子比喻为阴霾天空中没有太阳。本书《符号逻辑》的棋子有三种不同的画法，但它们的意思完全相同。有的图形里，直接画为圆形的红色棋子和灰色棋子。有的图形里，红棋子为⊙，灰棋子为 0。有的图形里为 I 和 O。在第六篇的下标符号里，在文字符号的公式中，下标数字 1 表示红棋子（或⊙，或I），下标数字 0 表示灰棋子（或字母 O）。

第3章　命题的图形

第1节　导言

从今以后，在讨论“有些 x 事物存在”（Some x-Things exist）或“没有 x 事物是 y 事物”（No x-Things are y-Things）等命题时，我将省略“事物”这个词，并将其写为“有些 x 存在”或“没有 x 是 y”，读者可以自己补充。

[注意，“事物”这个词在这里有一个特殊的含义（指论域里的个体或实体），如第 23 页所述。]

一个命题，若只包含一个用作属性符号的字母，则称为“一元的”（uniliteral）。

[例如，某些 x 存在，没有 y' 存在，等等]。

一个命题，若只包含两个字母，则称为“二元的”（biliteral）。

[例如，有些 xy' 存在，没有 x' 是 y，等等]。

一个命题究竟是几元的，只根据其中包含的字母，而不论该字母的重音符号（accents，即撇号）。[因此，有些 xy' 存在、没有 x' 是 y 等等，都称为包含 x 和 y 的二元命题]。

第2节　存在命题的图形

首先，我们来看命题“有些 x 存在”的图形。[请注意，这个命题（如第 12 页所述）相当于“有些现存事物是 x-事物。”]

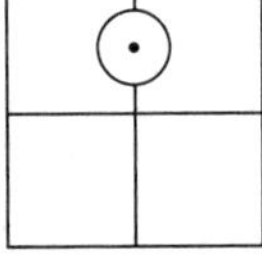

这个命题告诉我们，在北半图里至少有一个事物；也就是说，北半图已占用。为了清晰地表达这个命题，在北半图的分界线上放置了一个红棋子（此处为⊙）。

［在“书”的例子中，这个命题应该是：有些旧书存在。］①

同样地，我们可以画出三个相似的命题，“有些 x' 存在”“有些 y 存在”和“有些 y' 存在”。

［读者应该自己画出这些命题的图形。在“书”的例子中，这些命题将是“有些新书存在”等等。］②

接下来，我们来看命题“没有 x 存在”的图形。

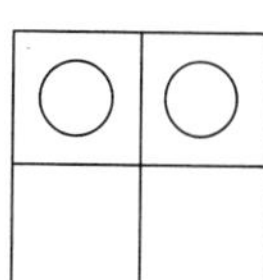

这个命题告诉我们，北半图里没有事物；即西北格和东北格这两个格都是空的。可以看出，在北半图里放置了两个灰棋子，每格一个③。

［读者可能会认为，在北半图的分界线上放置一个灰色棋子，也可以表示“北半图是空的”；如同前述方法那样，在分界线上放置一个红棋子，表示“北半图已占用”。然而，这种放置方法是一个错误。因为我们已经看到，这样放置红棋子的意思是“这两个方格里，至少有一个方格已占用，也可能两个都已占用”。因此，如果这样放置灰棋子，那么该图意思是“这两个方格里，至少有一个是空的，也可能两个都是空的”。但是，我们真正想要表达的意思却是“这两个格都是空的”。所以我们必须采用新方法：每个格内，分别放置一个灰棋子。在“书”的例子中，这个命题是“没有旧书存在”。］

同样地，我们可以画出三个相似命题的图形：没有 x' 存在，没有 y 存在，没有 y' 存在。

［读者可以自己画出这些命题的图形。在“书”的例子中，这三个

① 若在含有一个字母 x 的一元图里，在北半图里放置一个红棋子，则也可以非常简单地表达命题“有些 x 存在”。在这个二元图（xy）里，该图实际上表达一个析取命题：“有些 xy 存在或者有些 xy' 存在”。该析取命题等值于命题“有些 x 存在”。

② 若在含有一个字母 y 的一元图里，在左半图里放置一个红棋子，则也可以非常简单地表达命题“有些 y 存在”。

③ 若在含有一个字母 x 的一元图里，在北半图里放置一个灰棋子，则也可以非常简单地表达命题“没有 x 存在”。在这个二元图里，该图实际上表达一个合取命题：“没有 xy 存在和没有 xy' 存在”。该合取命题等值于命题“没有 x 存在”。

命题将是“没有新书存在”等等][1]。

接下来，我们再看命题“有些 xy 存在”的图形。

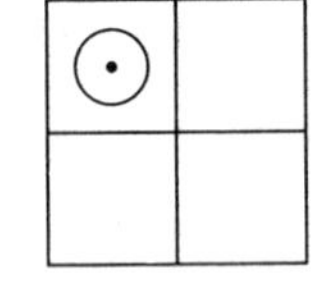

这个命题告诉我们，在西北格里，至少有一个事物，即西北格已占用。在这个格里，我们放置一个红棋子。

[在“书”的例子中，这个命题应该是“有些旧的英语书存在”。]

同样地，我们可以画出三个相似命题的图形：“有些 xy' 存在”“有些 $x'y$ 存在”和“有些 $x'y'$ 存在”。

[读者应该自己画出这些命题图形。在“书”的例子中，这三个命题将是“有些旧的外语书存在”，等等。][2]

接下来，我们看命题“没有 xy 存在”的图形。

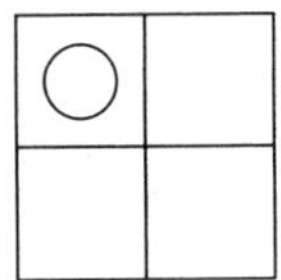

这个命题告诉我们，在西北格里没有事物；也就是说，西北格是空的。图形显示，其中放置了一个灰棋子。

[在“书”的例子中，这个命题是“没有旧的英语书存在”。]

同样地，我们可以画出三个相似命题的图形：没有 xy' 存在，没有 $x'y$ 存在，没有 $x'y'$ 存在。

[读者应该自己画出命题的图形。在“书”的例子中，这三个命题是“没有旧的外语书存在”，等等。][3]

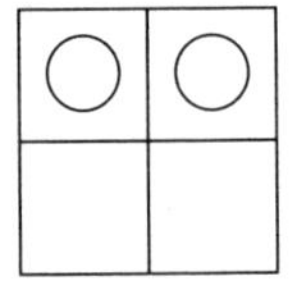

我们已看到，命题“没有 x 存在”的图形，是在北半图里放置两个灰棋子，每格一个。我们也已看到，这两个灰棋子分别

---

① 若在含有一个字母 y 的一元图里，在左半图里放置一个灰棋子，则也可以非常简单地表达命题“没有 y 存在”。

② 命题里的 xy 表达一个集合，即集合 x 和集合 y 的交集。x' 也是集合，它是集合 x 的补集。四个方格分别对应于四个集合：xy，xy'，$x'y$，$x'y'$。在方格 xy 内放置一枚红棋子，就表示集合 xy 不等于空集，即表示命题“有些 xy 存在”。

③ 在方格 xy 内放置一枚灰棋子，就表示集合 xy 等于空集，即表示命题“没有 xy 存在”。

表示两个命题："没有 xy 存在"和"没有 xy'存在"。因此我们看到，命题"没有 x 存在"是一个双命题（合取命题），它与以下两个命题等值："没有 xy 存在"和"没有 xy'存在"。

[在"书"的例子中，这个命题是"没有旧书存在"。因此这是一个双命题，它与以下两个命题等值："没有旧的英语书存在"和"没有旧的外语书存在"。]①

第 3 节　关系命题的图形

第一，我们先看命题"有些 x 是 y"的图形。

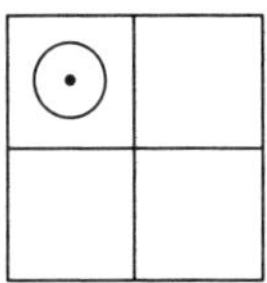

这个命题告诉我们，至少有一事物，既在北半图里也在西半图里。因此，它必须是在它们公共的区域，即西北格。也就是说，西北格已占用。此时，我们在该格内放置一个红棋子。

[注意，命题的主语决定我们使用上下哪半图，谓语决定左右哪半图，红棋子则放置在那个公共方格内。在"书"的例子中，这个命题应该是"有些旧的书是英语书"。]

同样地，我们可以画出三个相似命题的图形：有些 x 是 y'，有些 x'是 y，有些 x'是 y'。

[读者应该自己画出。在"书"的例子中，这三个命题将是"有些旧的书是外语的"，等等]。

接下来，我们再看一个命题"有些 y 是 x"。

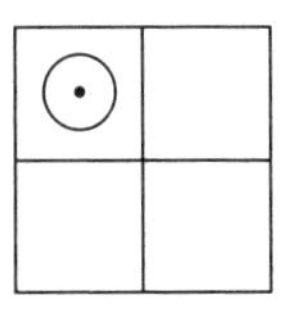

这个命题告诉我们，至少有一事物，既在西半图也在北半图。因此，它必须是在它们公共的区域，即西北格。也就是说，西北格已占用。此时，我们在该格内放置一个红棋子。

[在"书"的例子中，这个命题应该是"有些英语书是旧的书"。]

① 虽然直观地观察图形，这个等值关系是成立的；但是，若严格证明，则需要使用现代谓词逻辑的符号。可以证明，$\neg\exists xSx \equiv \neg\exists x\ (Sx \wedge Px)\ \wedge \neg\exists x\ (Sx \wedge \neg Px)$。另外，也可以证明，$\exists xSx \equiv \exists x\ (Sx \wedge Px)\ \vee \exists x\ (Sx \wedge \neg Px)$。

同样地，我们画出三个相似命题的图形：有些 y 是 x'，有些 y' 是 x，有些 y' 是 x'。

[读者应该自己画出来。在“书”的例子中，这三个命题应该是“有些英语书是新的书”，等等。]

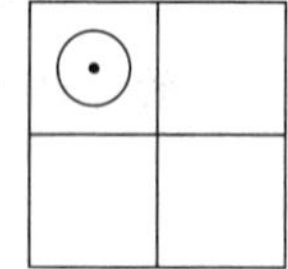

我们看到了，同样一个图形却分别表达了上述不同的三个命题，即（1）“有些 xy 存在；（2）有些 x 是 y；（3）有些 y 是 x。因此，这三个命题是等值的。

[在“书”的例子中，这些命题是：（1）有些旧的英语书存在；（2）有些旧的书是英语书；（3）有些英语书是旧的书。]

“有些 x 是 y”和“有些 y 是 x”是两个等值命题，互相之间称为换位命题；从一个命题到另一个命题的转换过程，称为换位法（conversion）。

[例如，命题“有些苹果是未成熟的”可以换位。我们应该首先选择论域（如“水果”）；然后在谓语里插入个体名词“水果”，从而完善这个命题，得到“有些苹果是未成熟的水果”；最后利用换位法交换词项，得到“有些未成熟的水果是苹果”。]

同样地，我们可以列出类似的等值命题组，共有四组：

（1）有些 xy 存在 = 有些 x 是 y = 有些 y 是 x。

（2）有些 xy' 存在 = 有些 x 是 y' = 有些 y' 是 x。

（3）有些 $x'y$ 存在 = 有些 x' 是 y = 有些 y 是 x'。

（4）有些 $x'y'$ 存在 = 有些 x' 是 y' = 有些 y' 是 x'。

第二，我们再看命题“没有 x 就是 y”的图形。

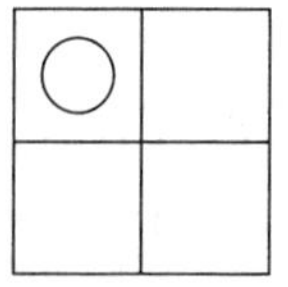

这个命题告诉我们，在北半图和西半图里都没有事物。因此，在它们的公共区域里没有事物，也就是说，在西北格里没有事物。因此西北格是空的。此时在该格内放置一个灰棋子。

[在“书”的例子中，这个命题是“没有旧的书是英语的”。]

同样地，我们可以画出三个相似的命题：没有 x 就是 y'，没有 x' 就是 y，没有 x' 就是 y'。

[读者应该自己画出来。在“书”的例子中，这三个命题将是“没

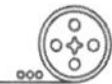

有旧的书是外语的”等等。]

接下来，我们来看命题“没有 y 就是 x”。

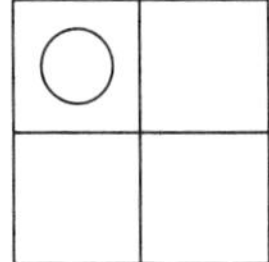

这个图告诉我们，在西半图和北半图里都没有事物。因此在它们的公共区域里也没有事物，即在西北格里没有事物。也就是说，西北格是空的。我们可以通过放置一个灰棋子来表示。

[在“书”的例子中，这个命题是“没有英语书是旧的”。]

同样地，我们可以画出三个相似的命题：没有 y 就是 x'，没有 y'就是 x，没有 y'就是 x'。

[读者应该自己把这些都写出来。在“书”的例子中，这三个命题将是“没有英语书是新的”，等等。]

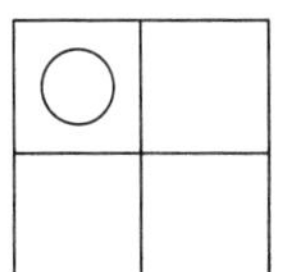

我们看到了，相同的一个图表达了三个不同的命题，即（1）没有 xy 存在；（2）没有 x 是 y；（3）没有 y 是 x。因此，这三个命题是等值的。

[在“书”的例子中，这些命题是：（1）“没有旧的英语书存在；（2）没有旧的书是英语的；（3）没有英语书是旧的。]

两个等值命题，“没有 x 就是 y”和“没有 y 就是 x”，互相之间称为换位命题。

[例如，如果要求我们换位命题“没有豪猪是健谈的”，那么首先选择论域（例如“动物”），然后通过在谓语中插入个体名词“动物”来完善命题，得到“没有豪猪是健谈的动物”，最后利用换位法，原命题转化为“没有健谈的动物是豪猪”。]

同样地，我们可以列出类似的等值命题组，共有四组：

（1）没有 xy 存在 = 没有 x 是 y = 没有 y 是 x。

（2）没有 xy'存在 = 没有 x 是 y' = 没有 y'是 x。

（3）没有 $x'y$ 存在 = 没有 x'是 y = 没有 y 是 x'。

（4）没有 $x'y'$存在 = 没有 x'是 y' = 没有 y'是 x'。

第三，我们来看命题“所有 x 就是 y”。

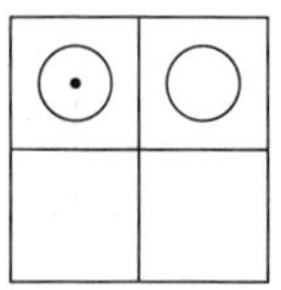

我们知道这是一个双命题，它等值于这两个命题：“有些 x 是 y”和“没有 x 是 y'”。每个命题的图形我们都已经知道了，双命题就不再详述。

[注意，给定命题的主语决定我们使用哪个半图放置红棋子（即⊙）；其谓语决定我们使用哪个方格放置灰棋子。][①]

表 3–2　二元图中，一元命题对应的棋子[②]

有些 x 存在	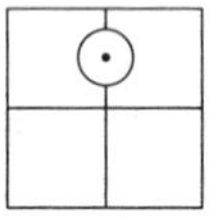	没有 x 存在	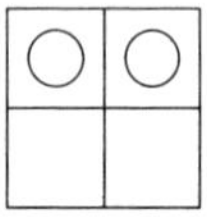
有些 x' 存在	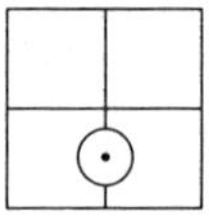	没有 x' 存在	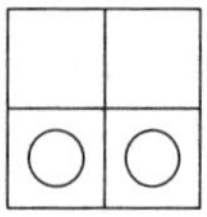
有些 y 存在	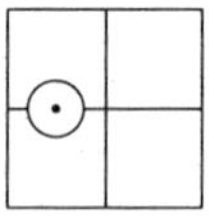	没有 y 存在	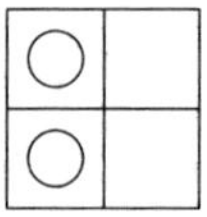
有些 y' 存在	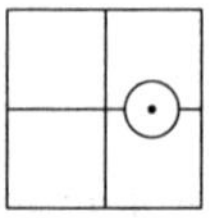	没有 y' 存在	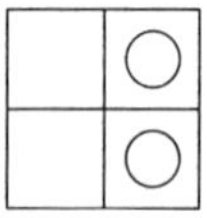

类似地，我们可以画出七个类似的命题：所有 x 都是 y'，所有 x' 都是 y，

① 先在 xy 方格放置红棋子，然后在 xy' 方格放置灰棋子。不必重新制作红灰棋子，可以直接使用围棋的黑白棋子：黑棋子代替红棋子，白棋子代替灰棋子。

② 表 3–2 列出了一元图与二元图之间的等值命题。虽然表 3–2 列出了一元命题的文字符号，以及二元图的棋子位置；但是没有画出该命题的一元图，也没有写出该二元图棋子的文字符号。补充说明如下。（1）左上角第一对的命题与图形。命题“有些 x 存在”，在一元图里，棋子⊙放置在区域 x 内；在二元图里，棋子⊙的位置是在 xy 和 xy' 的分界线上。该二元图的棋子，表达了一个析取命题“有些 xy 存在或者有些 xy' 存在”。卡罗尔断定这两个命题是互相等值的。左下面三个，也是类似的。（2）右上角第一对命题与图形。命题“没有 x 存在”，在一元图里，棋子○放置在区域 x 内；在二元图里，棋子○共有两枚，分别放置在 xy 和 xy' 的区域内。该二元图的棋子，表达了一个合取命题“没有 xy 存在并且没有 xy' 存在”。卡罗尔断定这两个命题是互相等值的。右下面三个，也是类似的。

所有 x'都是 y'，所有 y 都是 x，所有 y 都是 x'，所有 y'都是 x，以及所有 y'都是 x'。

第四，我们来看一个双命题的图形："有些 x 是 y" 和 "有些 x 是 y'"。其中每个支命题的画法，我们都已经知道了①。

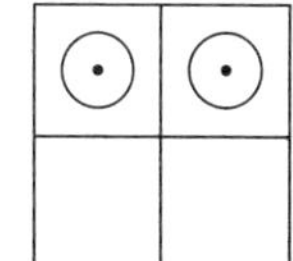

同样地，我们可以表示三个相似的双命题：有些 x'是 y 和有些 x'是 y'有些 y 是 x 和有些 y 是 x'，有些 y'是 x 和有些 y'是 x'。

现在，读者应该找个朋友，请他使用表 2 和表 3 进行提问。提问者根据这两个表说出各种命题，例如有些 y 存在，没有 y'是 x，所有 x 都是 y，等等。读者准备一份棋盘（即空白图形）和几枚棋子（红灰各两枚即可），迅速摆出正确的图形。

表 3-3　二元图中，二元命题对应的棋子②

有些 xy 存在 =有些 x 是 y =有些 y 是 x		所有 x 都是 y	
有些 xy'存在 =有些 x 是 y' =有些 y'是 x		所有 x 都是 y'	
有些 $x'y$ 存在 =有些 x'是 y =有些 y 是 x'		所有 x'都是 y	
有些 $x'y'$存在 =有些 x'是 y' =有些 y'是 x'		所有 x'都是 y'	

① 两个方格内分别放置一枚棋子，表示一个合取命题。两个方格之间的分界线上放置一枚棋子，表示一个析取命题。棋子可以是红色的，也可以是灰色的。在本书中，两个方格之间是相邻的；在图式逻辑里，方格也可以是不相邻的。

② 表 3-3 列出了二元图的棋子与二元命题的文字符号的对应关系。总共有 20 对，其中单棋子图有 8 个，分别对应于三个等值的命题；双棋子图有 12 个，分别对应于 12 个"合取命题"。

续表

没有 xy 存在 =没有 x 是 y =没有 y 是 x	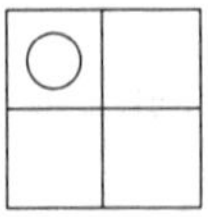	所有 y 都是 x	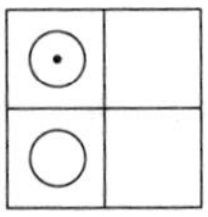
没有 xy' 存在 =没有 x 是 y' =没有 y' 是 x	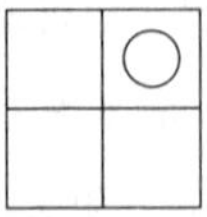	所有 y 都是 x'	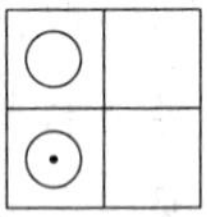
没有 $x'y$ 存在 =没有 x' 是 y =没有 y 是 x'	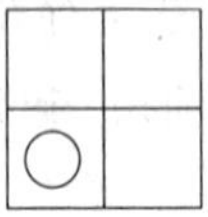	所有 y' 都是 x	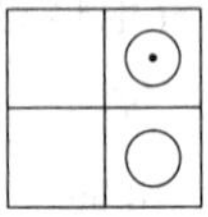
没有 $x'y'$ 存在 =没有 x' 是 y' =没有 y' 是 x'	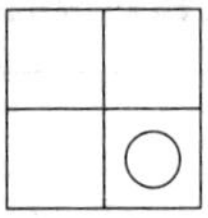	所有 y' 都是 x'	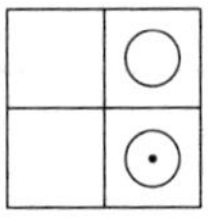
有些 x 是 y 和有些 x 是 y'	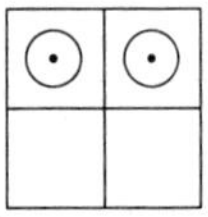	有些 y 是 x 和有些 y 是 x'	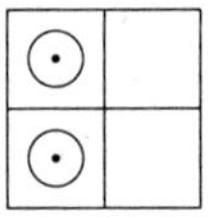
有些 x' 是 y 和有些 x' 是 y'	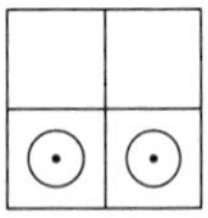	有些 y' 是 x 和有些 y' 是 x'	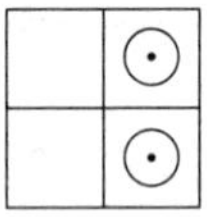

第 4 章　图形的命题

如果现在有一份棋盘的图形，其中放置了若干棋子，那么这些棋子究竟表达什么命题或命题组呢？由于该过程与前一章讨论的过程恰好相反，所以我们可以利用前面已经取得的成果。

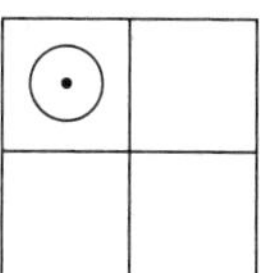

首先假设，在西北格放置一个红棋子。我们知道，它表达了一组互相等值的三个命题：有些 xy 存在 = 有些 x 是 y = 有些 y 是 x。类似地，若在东北格、西南格、东南格放置一个红棋子，则表示类似的三组命题。

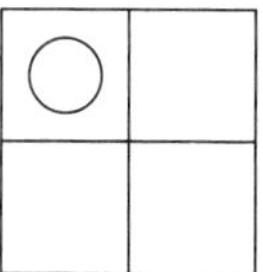

其次假设，在西北格放置一个灰棋子。我们知道，它表达了一组互相等值的三个命题：没有 xy 存在 = 没有 x 是 y = 没有 y 是 x。类似地，若在东北格、西南格、东南格放置一个灰棋子，则表示类似的三组命题。

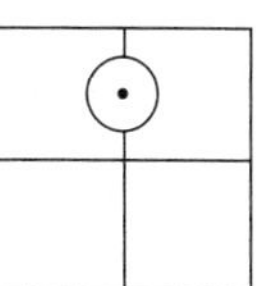

接下来，我们假设，我们看到在北半图的分界线上放置一个红棋子。我们知道，这个棋子表达了命题“某些 x 存在”。类似地，若在南半图、西半图、东半图的分界线上放置一个红棋子，则我们知道这个棋子表达的三个命题①。

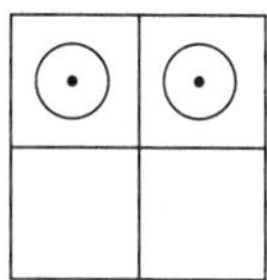

接下来，我们假设，在北半图里放置两个红棋子，每格一个。我们知道，这两个棋子表达了双命题：有些 x 是 y 和有些 x 是 y'。类似地，若在南半图、西半图、东半图里也是如此放置两个棋子，则也表达了类似的双命题②。

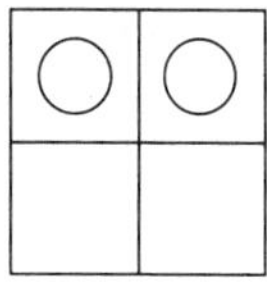

接下来，我们假设，在北半图里放置两个灰棋子，每格一个。我们知道，这两个棋子表达了命题：没有 x 存在。类似地，若在南半图、西半图、东半图里如此放置棋子，则我们也知道它们表达的三个命题。

---

① 如果在分界线上放置一个灰棋子，则虽然可以表达一个析取命题，但是不能表达为单字母的命题。

② 这个双命题是一个合取命题，其包括两个支命题。但是，该合取命题不能化简为单字母的命题。

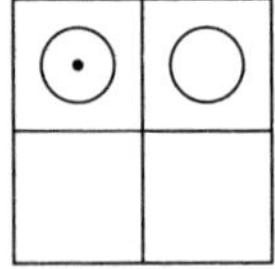

最后，我们假设，在北半图放置一红一灰两个棋子，西北格为红棋子，东北格为灰棋子。我们知道，这对棋子表达了命题“所有 x 都是 y”。

［请注意，两枚棋子并列的半图确定主语的字母，红棋子的方格确定谓语的字母。］

类似地，若在下述类似位置放置一对红灰棋子时，则可以得出相应的命题：

东北格为红色，西北格为灰色；

西南格为红色，东南格为灰色；

东南格为红色，西南格为灰色；

西北格为红色，西南格为灰色；

西南格为红色，西北格为灰色；

东北格为红色，东南格为灰色；

东南格为红色，东北格为灰色。

读者必须再次求助于这位朋友，请他根据表 2 和表 3 向读者提问，哪个命题对应哪个图形，哪个图形对应哪个命题。问答形式如下：

问：命题“没有 x'就是 y'”的棋子位置？

答：东南格的灰棋子。

问：东半图分界线上的红棋子？

答：有些 y'存在。

问：所有 y'都是 x 的图形？

答：东北格红棋子，东南格灰棋子。

问：西南格灰棋子？

答：没有 $x'y$ 存在 = 没有 x'是 y = 没有 y 是 x'，等等。

开始的时候，读者需要一个棋盘和几枚棋子；但熟练以后，就不用棋盘棋子，闭上眼睛或凝视天空，也可以轻松回答了。

［习题 §1，5-8（第 100 页）.］

第四篇　三元图[①]

① 在卡罗尔《逻辑游戏》里，二元图称为小图（smaller diagram），三元图称为大图（larger diagram）。在本书《符号逻辑》里，也是二元图较小、三元图较大。实际上，由于论域是相同的，二元图和三元图的大方框可以是相同的，因而更便于观察对比。

第 1 章　棋盘和集合[①]

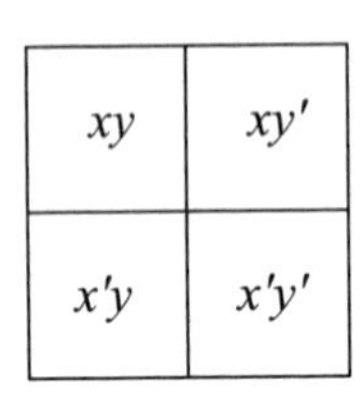

xy m′			xy′ m′
	xy m	xy′ m	
	x′y m	x′y′ m	
x′y m′			x′y′ m′

首先，我们假设，左上图是第 3 篇使用过的二元图，若在它的内部再画个小方框作为分界线，就可以把它变成三元图；即四个方格再分别划分为 2 个较小的区域，总共可得 8 个较小方格。所得结果就是右上图。

［强烈建议读者，在阅读本章时不要参考上面的图形，而是自己制作一个没有字母的右上图，阅读时把它放在身边，可以随时指认一个特定的区域。］

其次，我们假设，我们选择了一个确定的属性，称之为 m；把西北角的 xy 类划分为两个较小之类，其种差（属性）分别是 m 和 m'；我们指定西北角的内格表示一个小类（我们可以称之为"xym 事物"或"xym 类"），西北角的外格表示另一个小类（我们可以称之为"xym'事物"或"xym'类"）。

［因此，在"书"的例子中，我们可以说"让 m 表示'精装的'，所以 m'的意思是"非精装的"。我们可能会想到，把"旧的英语书"分为两个小类，"旧的英语精装的书"和"旧的英语非精装书"，西北角内

---

① 本章介绍了图形区域对应的集合符号。一元图里共有两个区域，其分别对应于两个集合。二元图里共有四个区域，其分别对应于四个集合。三元图里共有八个区域，其分别对应于八个集合。当论域相同时，不同图形的集合之间具有一些等量关系。(1) 一元图里的集合 x，二元图里的集合 xy 与集合 xy' 的并集，二者相等。即 $x=(x\cap y)\cup(x\cap y')$。同理，$x'$也成立。(2) 二元图里的集合 xy，三元图里的集合 xym 与集合 xym' 的并集，二者相等。即 $x\cap y=(x\cap y\cap m)\cup(x\cap y\cap m')$。同理，$x\cap y'$，$x'\cap y$，$x'\cap y'$ 也成立。(3) 显然，一元图与三元图之间也有两种等量关系。

格表示一个小类，外格表示另一个小类。]

最后，我们假设，以相同的方法划分东北格的 xy'类，西南格的$x'y$类，和东南格的 $x'y'$类。在每种情况下，指定其内格表示具有属性 m 的小类，其外格表示具有属性 m'的小类。

[因此，在“书”的例子中，我们可能会这样想，划分“新的英语书”得到两个小类，“新的英语精装的书”和“新的英语非精装的书”，西南角内格表示前一个，西南角外格表示后一个。]

很明显，我们现在已经指定方框之内的全部区域表示 m 类，方框之外的全部区域表示 m'类。

[因此，在“书”这个示例中，我们指定方框之内表示“精装的书”，方框之外表示“非精装的书”。]

当读者熟悉了这个三元图，他应该马上能找到一对（两个）特定属性对应的区域，或一组（三个）特定属性对应的方格。以下规则将有助于他做到这一点：

(1) 按 x、y、m 的字母顺序，排列出三个属性的名称。

(2) 先看第一个字母，找到它对应的区域。

(3) 然后看第二个字母，在前述区域里找到它对应的区域。

(4) 再看第三个字母，如果有的话，方法相同。

[例如，假设我们必须找到集合 ym 对应的区域。我们先要知道：y 拥有西半图；而 m 拥有西半图的方框内部区域。同样，假设我们必须找到集合 $x'ym'$对应的区域。我们先要知道：x'拥有南半图，y 拥有南半图的西部，即西南角；而 m'位于西南角的外部。]①

读者现在应该找到一位朋友，利用下表向他提问，问答形式如下：

问：南半图的方框内的集合？

---

① 读者应该熟悉三元图，也应该熟悉配套的二元图和一元图。若三元图的字母为 xym，则二元图共有 3 种图形：xy 二元图为大方框内画个“+”字；xm 二元图是大方框内画个小方框，横线穿过它；ym 二元图是大方框内画个小方框，竖线穿过它。一元图也共有 3 种图形：x 一元图是大方框内画个横线；y 一元图是大方框内画个竖线；m 一元图是大方框内画个小方框。总之，一元图、二元图、三元图，它们之间都有对应的区域。

答：$x'm$。

问：集合 m' 的区域？

答：方框外（论域之内）。

问：东北角方框外的集合？

答：$xy'm'$。

问：集合 ym 的区域？

答：西半图的方框内。

问：南半图的集合？

答：x'。

问：集合 $x'y'm$ 的区域？

答：东南角的方框内。

…

表 4–1　三元图中集合对应的区域①

集合或属性	区域或方格
x	北半图
x'	南半图
y	西半图
y'	东半图
m	方框内
m'	方框外
xy	西北角
xy'	东北角

① 表 4–1 列出了单独一个三元图里，集合与区域的一一对应关系，也暗示了集合之间的等量关系。(1) 在单独一个三元图里，8 个集合分别对应于 8 个区域。表中共列出了 8 种对应情况。其中集合 xym 实际上是个交集符号，它是 $x\cap y\cap m$ 的简化写法。(2) 一元图的一个集合，对应于二元图里一对集合的并集，这两个集合是相等的。例如，x 一元图与 xy 二元图之间，$x=[xy\cup xy']$。(3) 二元图的一个集合，对应于三元图一对集合的并集，这两个集合是对应相等的。例如，xy 二元图与 xym 三元图之间，$xy=[xym\cup xym']$。表中列出 12 种等量情况。(4) 一元图的一个集合，对应于三元图里四个集合的并集，这两个集合是相等的。例如，x 一元图与 xym 三元图之间，$x=[xym\cup xym'\cup xy'm\cup xy'm']$。表中列出了 6 种等量情况。

续表

集合或属性	区域或方格
$x'y$	西南角
$x'y'$	东南角
xm	北半图方框内
xm'	北半图方框外
$x'm$	南半图方框内
$x'm'$	南半图方框外
ym	西半图方框内
ym'	西半图方框外
$y'm$	东半图方框内
$y'm'$	东半图方框外
xym	西北角方框内
xym'	西北角方框外
$xy'm$	东北角方框内
$xy'm'$	东北角方框外
$x'ym$	西南角方框内
$x'ym'$	西南角方框外
$x'y'm$	东南角方框内
$x'y'm'$	东南角方框外

第 2 章　三元图上的 xm 或 ym 命题①

第 1 节　存在命题

首先，我们来看一下命题“有些 *xm* 存在”。

[请注意，这个命题的完整含义是“有些现存事物是 *xm* 的事物”(如第 12 页所述)。]

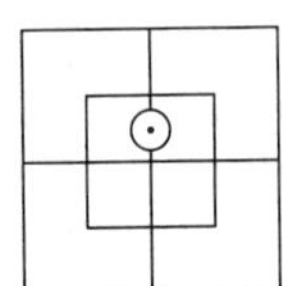

这个命题告诉我们，在北半图的小方框内至少有一个事物，也就是说，这个区域已占用。在该区域的分界线上，若放置一个红棋子，我们就可以清楚地表达该命题。

[在“书”的例子中，这个命题意味着“有些旧的精装书存在”或“存在一些旧的精装书”。]②

类似地，我们可以表达七个类似的命题：有些 *xm'* 存在，有些 *x'm* 存在，有些 *x'm'* 存在；有些 *ym* 存在，有些 *ym'* 存在，有些 *y'm* 存在，有些 *y'm'* 存在。

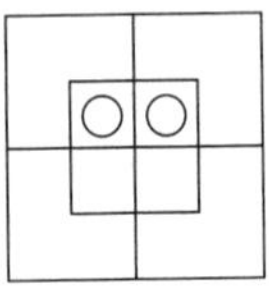

其次，我们来看命题“没有 *xm* 存在”。这个命题告诉我们，在北半图的小方框内没有任何事物；也就是说，这个区域是空的。为了表达这个命题，在该区域内放置两个灰棋子，每格一个。

---

① 在 *xm* 二元图里，总共有四个区域或方格；若在方格内放入棋子，则也可以表达 *xm* 命题。可以证明，每个二元图的 *xm* 命题，都有一个等值的三元图 *xym* 的复合命题。同理，在 *ym* 二元图里，也可以表达 *ym* 命题。每个二元图的 *ym* 命题，都有一个等值的三元图 *xym* 的复合命题。

② 在 *xm* 二元图里，若在北半图的小方框内放置一枚红棋子，则也表示命题“有些 *xm* 存在”。在 *ym* 二元图里，若在西半图的小方框内放置一枚红棋子，则也表示命题“有些 *ym* 存在”。

类似地，我们可以画出七个类似命题的图形，或者含有词项 x 和 m，或者含有词项 y 和 m，即"没有 xm' 存在""没有 $x'm$ 存在"等①。

在这个 xym 三元图里，我们只表达这十六个存在命题②。

第 2 节　关系命题

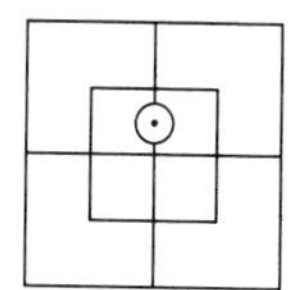

首先，我们看看这对换位命题"有些 x 是 m" = "有些 m 是 x"。

我们知道，其中每个关系命题都等于存在命题"有些 xm 存在"，我们也已知道如何画出这个存在命题。

含有词项 x 和 m，或者含有词项 y 和 m 的类似的七对关系命题，可同样处理。

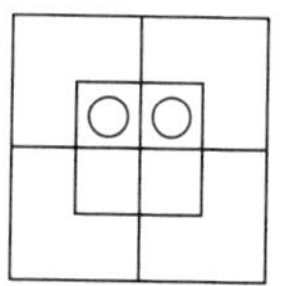

其次，我们再看这对换位命题"没有 x 是 m" = "没有 m 是 x"。

我们知道，其中每个关系命题都等于存在命题"没有 xm 存在"，我们也已经知道如何画出后者图形。

含有词项 x 和 m，或者含有词项 y 和 m 的类似的七对关系命题，可同样处理。

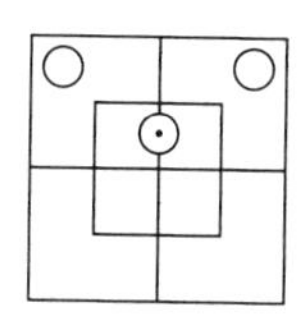

最后，我们来看关系命题"所有 x 都是 m"。

我们知道这是一个双重命题（见第 18 页），等值于关系命题"有些 x 是 m"和"没有 x 是 m'"，我们已经知道如何画出每个命题的图形。

含有词项 x 和 m，或者含有词项 y 和 m 的类似的十五个关系命题，可同样处理③。

---

① 在 xm 二元图里，若在北半图的小方框内放置一枚灰棋子，则也表示命题"没有 xm 存在"。在 ym 二元图里，若在西半图的小方框内放置一枚灰棋子，则也表示命题"没有 ym 存在"。

② 在 xm 二元图里，共有 8 个单棋子的命题；在 ym 二元图里，也是共有 8 个单棋子的命题；合计共有 16 个命题。在 xym 三元图里，恰好有 16 个复合命题（双棋子或者压线棋子）分别和它们等值。

③ 现代逻辑里，"所有 x 都是 m""没有 x 是 m'"互相等值，与"有些 x 是 m"无关。所以，表 7 和表 8 可以忽略。

在这个 xym 三元图里，我们只表达这三十二个关系命题。

读者现在应该邀请一位朋友，手拿下述四个表格（表 5 至表 8），向他提问。回答者只有一张空白的三元图，一枚红棋子和两枚灰棋子。问者提出各种命题，答者迅速摆出正确的图形。例如，提出命题“没有 y'是 m”“有些 xm'存在”等。

表 4–2　三元图中，xm 命题对应的棋子①

命题
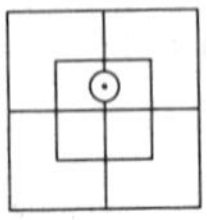 有些 xm 存在 =有些 x 是 m =有些 m 是 x
没有 xm 存在 =没有 x 是 m =没有 m 是 x 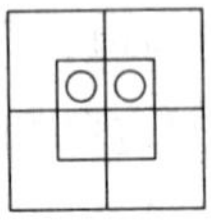
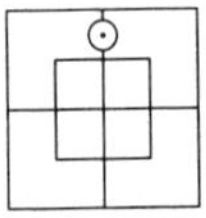 有些 xm'存在 =有些 x 是 m' =有些 m'是 x
没有 xm'存在 =没有 x 是 m' =没有 m'是 x 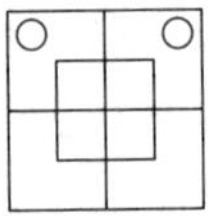

① 表 4–2 列出了三元图（xym）与二元图（xm）之间的等值命题。(1) 先看左上角第一对命题与图形。命题“有些 xm 存在”，在三元图 xym 里，棋子⊙放置在区域 xym 和区域 $xy'm$ 之间的分界线上，该棋子表达的命题是“有些 xym 存在或者有些 $xy'm$ 存在”；而同样的命题“有些 xm 存在”，在二元图 xm 里，棋子⊙放置在单独区域 xm 内。卡罗尔断定的是，这两个命题之间是互相等值的。下面三对命题与图形也是类似的。(2) 再看右上角第一对命题与图形。命题“没有 xm 存在”，在三元图 xym 里，棋子○分别放置在区域 xym 和区域 $xy'm$ 之内，该棋子表达的命题是“没有 xym 存在并且没有 $xy'm$ 存在”；而同样的命题“没有 xm 存在”，在二元图 xm 里，棋子○放置在单独区域 xm 内。卡罗尔断定的是，这两个命题之间是互相等值的。下面三对命题与图形也是类似的。

续表

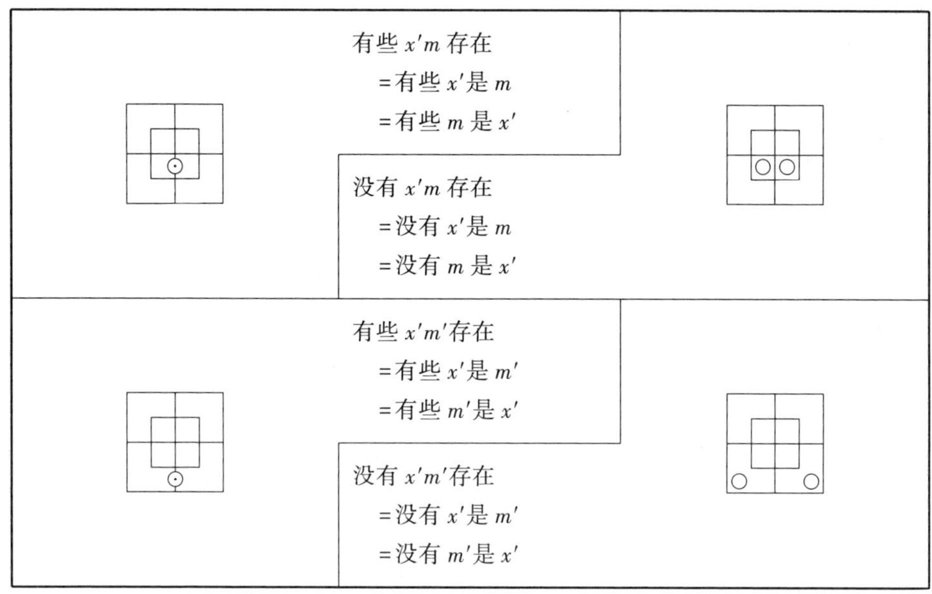

命题
有些 $x'm$ 存在 =有些 x'是 m =有些 m 是 x'
没有 $x'm$ 存在 =没有 x'是 m =没有 m 是 x'
有些 $x'm'$存在 =有些 x'是 m' =有些 m'是 x'
没有 $x'm'$存在 =没有 x'是 m' =没有 m'是 x'

表 4-3　三元图中，ym 命题对应的棋子[①]

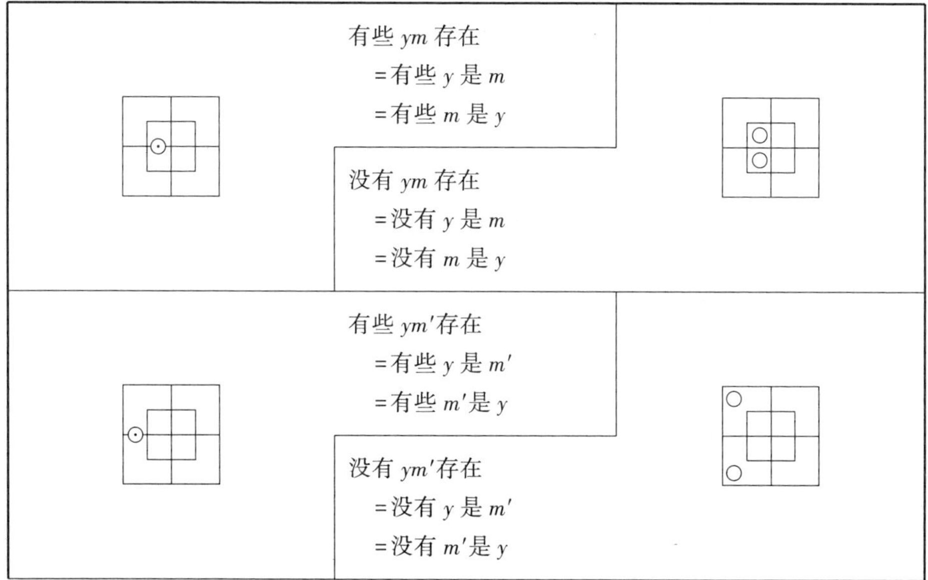

命题
有些 ym 存在 =有些 y 是 m =有些 m 是 y
没有 ym 存在 =没有 y 是 m =没有 m 是 y
有些 ym'存在 =有些 y 是 m' =有些 m'是 y
没有 ym'存在 =没有 y 是 m' =没有 m'是 y

① 表 4-3 与表 4-2 类似，列出了三元图（xym）与二元图（ym）之间的等值命题。

续表

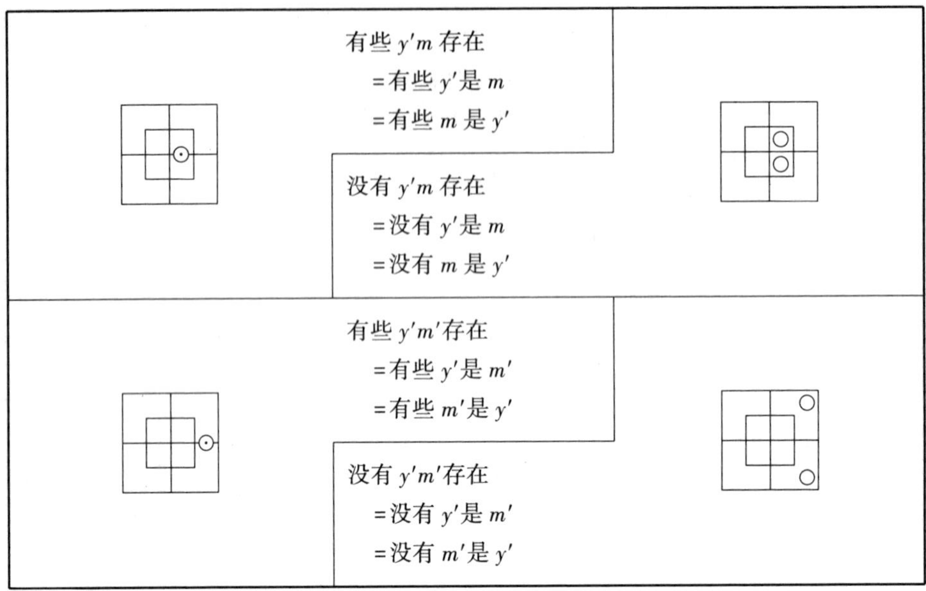

	有些 $y'm$ 存在 =有些 y' 是 m =有些 m 是 y'	
	没有 $y'm$ 存在 =没有 y' 是 m =没有 m 是 y'	
	有些 $y'm'$ 存在 =有些 y' 是 m' =有些 m' 是 y'	
	没有 $y'm'$ 存在 =没有 y' 是 m' =没有 m' 是 y'	

表 4-4　三元图中，xm 全称肯定命题的棋子

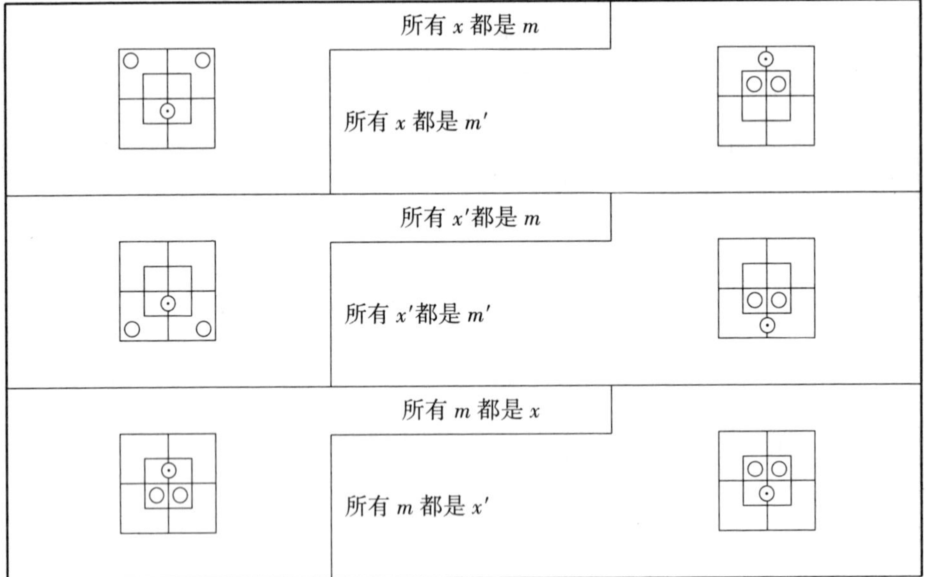

	所有 x 都是 m	
	所有 x 都是 m'	
	所有 x' 都是 m	
	所有 x' 都是 m'	
	所有 m 都是 x	
	所有 m 都是 x'	

续表

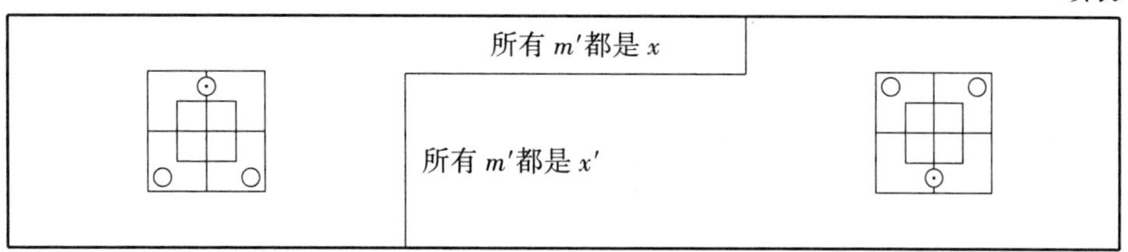

表 4-5　三元图中，ym 全称肯定命题的棋子

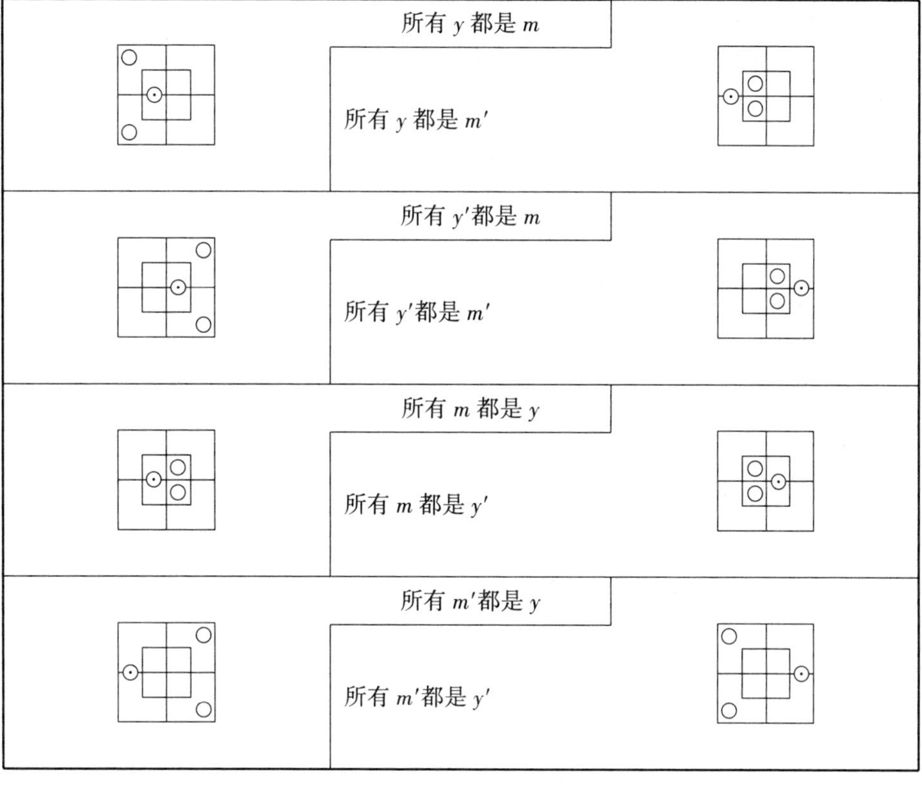

第3章　xm 命题与 ym 命题的合并图[①]

现在，读者最好更换一下棋盘棋子，新棋子是数字“Ⅰ”和数字“0”。“Ⅰ”替换红棋子（意思也是“该区域至少有一个事物”），“0”替换灰棋子（意思也是“该区域没有任何事物”）[②]。

本章讨论的关系命题共有两种类型：一种是含有词项 x 和 m 的，另一种是含有词项 y 和 m 的。

若遇到“所有”开头的命题，我们都拆分为等值的双命题。

若我们必须在同一张图上画出两个命题，一个是“有些”开头的，另一个是“没有”开头的，则首先应该画出“没有”开头的命题。这个规则有时可以避免下述的麻烦：如果首先画出“有些”开头的命题，即在分界线上放置数字“Ⅰ”，那么稍后将再移动到旁边的方格里。

[例题如下：

例1　没有 x 是 m'；没有 y' 是 m。

首先我们表达没有 x 是 m'，我们得到图 a。然后，在同一个图上，再表达没有 y' 是 m，我们得到图 b。

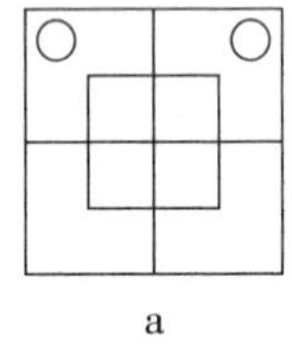

a

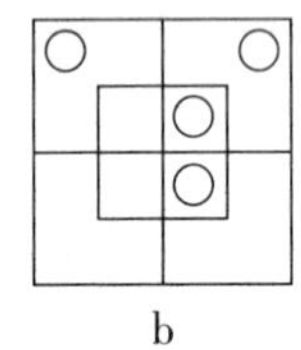

b

例2　有些 x 是 m；没有 m 是 y。

---

① xym 三元图的 xm 命题图形，xym 三元图的 ym 命题图形，这两个 xym 三元图可以合并为一个新的 xym 三元图。但是，xm 二元图的 xm 命题图形，ym 二元图的 ym 命题图形，这两个图形不能直接合并。若要合并，必须首先分别等值转换为相同字母的 xym 三元图，然后再合并。

② 红灰棋子也许不便于纸版印刷，也不便于文字书写，所以卡罗尔改用数字“Ⅰ”和“0”。他在《逻辑游戏》里，有时用红棋子灰棋子，有时也用 1 和 0。虽然棋子形状不同，但是表达的意思都相同。

如果忽视前述的那个规则，我们从“有些 m 是 x”开始，那么我们首先得到图 a。接着，我们再看命题“没有 m 是 y”（即西北角的内格和西南角的内格都是空的）。因为该命题也告诉我们，西北角的内格是空的，所以我们将被迫把棋子“Ⅰ”推离分界线（因为此时“Ⅰ”无权占用两个方格了），然后再把“Ⅰ”放置在东北角的内格，如图 c 所示。

若首先处置命题“没有 m 是 y”，如图 b 所示，则没有这个麻烦了。现在，当我们再放置“有些 m 是 x”时，棋子“Ⅰ”在分界线上无处可骑，它不得不来到东北角的内格，如图 c 所示①。

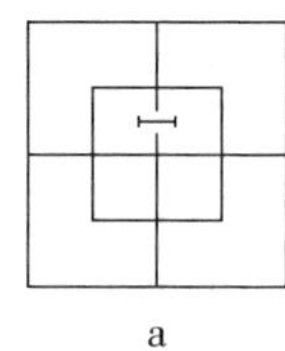
a

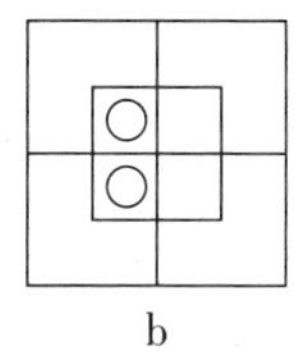
b

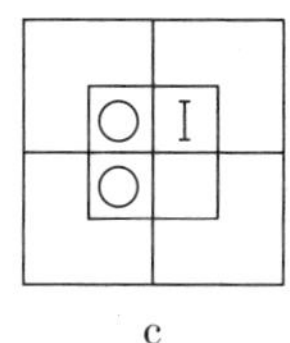
c

例 3　没有 x'是 m'；所有 m 都是 y。

在这里，我们首先分解第二个命题，置换为与它等值的两个命题。因此，我们将要表达三个命题，即（1）没有 x'是 m'；（2）有些 m 是 y；（3）没有 m 是 y'。此时我们将按照（1），（3），（2）顺序进行合并。

首先，我们画出第（1）命题，即没有 x'是 m'。得图 a。

再添加第（3）命题，即没有 m 是 y'。得图 b。

最后看棋子“Ⅰ”，即表达第（2）命题“有些 m 是 y”的棋子，“Ⅰ”不得不骑在分界线上，因为没有“0”棋子推开它。所以得图 c。

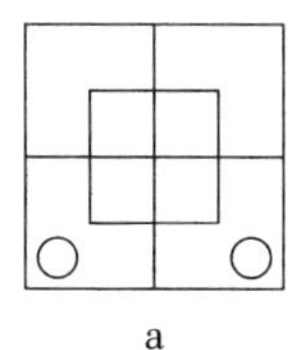
a

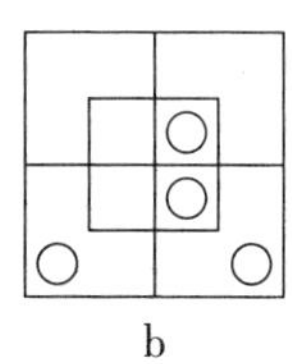
b

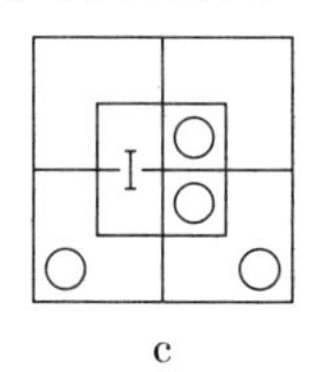
c

例 4　所有 m 都是 x；所有 y 都是 m。

我们在这里分解两个命题，从而得到四个命题，即（1）有些 m 是 x；

---

① 由“有些 x 是 m”得 1 式：xmy 不等于空集或 xmy'不等于空集，写作 A ∨B。由“没有 m 是 y”得 2 式：myx 等于空集和 myx'等于空集，写作¬A ∧C。其中“xmy 不等于空集”“myx 等于空集”互为矛盾命题。由 2 式可得 3 式：¬A。由 1 式和 3 式可得 4 式：B ∧¬A。总之，由（A ∨B）∧¬A 可以推出 B ∧¬A。可以证明，反之也成立。即（A ∨B）∧¬A 等值 B ∧¬A。该规则称为收缩律（contraction）。参见 Hammer，2001. P402，P410.

(2) 没有 m 是 x'；(3) 有些 y 是 m；(4) 没有 y 是 m'。

我们将按照（2）（4）（1）（3）的顺序进行合并。

首先，我们处理第（2）命题，即没有 m 是 x'。得图 a。

在此基础上，我们增加第（4）命题，即没有 y 是 m'。得到图 b。

如果我们现在处理第（1）命题，即有些 m 是 x，那么我们应该把棋子“Ⅰ”放在分界线上。因此为了避免麻烦，试一试先处理第（3）命题，即“有些 y 是 m”，便得到了图 c。

现在没有必要去处理第（1）命题了，因为在分界线上添加一个“Ⅰ”，没有添加任何新的信息。图 c 已经告诉我们“有些 m 是 x”。①]

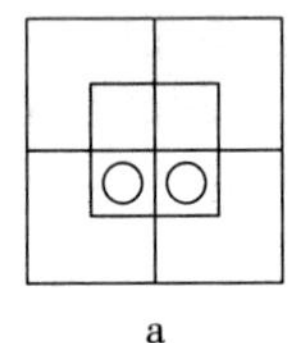
a

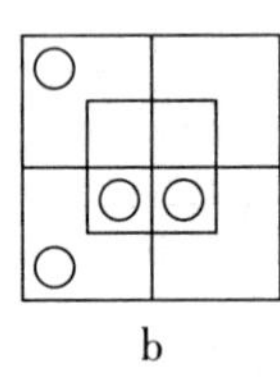
b

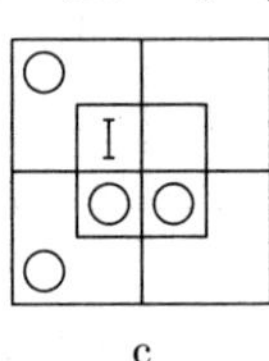

c

[习题 § 1, 9-12 (第 100 页); § 2, 1-20 (第 101 页).]

① 由图 c 里“有些 ymx 存在”，可以推出：“有些 ymx 存在”或“有些 $y'mx$ 存在”，后者等于“有些 mx 存在”。所以，“有些 ymx 存在”可以推出“有些 mx 存在”。

第 4 章　三元图的 xy 命题[①]

摆在我们面前的问题是，已知 *xym* 三元图里放置了若干棋子，要求我们确定该图表达的关系命题，而且该命题里只含有词项 *x* 和词项 *y*。对于初学者来说，最好的方法就是在它旁边画一个 *xy* 二元图，并将所有可传达的信息从一个图传达到另一个图。然后，他就可以从二元图中读出所需的命题。经过一段时间练习，他将能够省去二元图，直接从三元图本身读出结果。若想准确传达信息，请遵守以下规则：

(1) 首先观察三元图的西北角。

(2) 如果至少一个方格里有棋子“Ⅰ”，即该西北角已占用，那么在二元图的西北角里可以放置一个棋子“Ⅰ”[②]。

(3) 如果有两个棋子“0”，每格一个，即西北角肯定是空的，那么在二元图的西北角放置一个棋子“0”[③]。

(4) 三元图的东北角、西南角和东南角，推理方法相同。

[以下例题，来自前章例题的结果图形，说明如下：

例 1

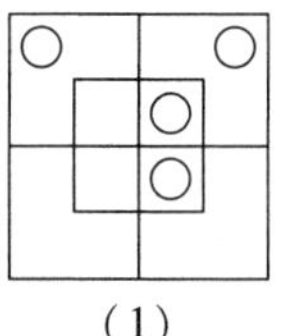

(1)

---

① 含有词项 *x* 和词项 *y* 的关系命题，例如有些 *x* 是 *y*，既可以在 *xy* 二元图上表达出来，也可以在 *xym* 三元图上表达出来。显然，这两个图中都没有其他棋子的时候，这两个图形是等值的，或者说表达了相同的意思。

② 三元图的命题是个析取命题：有些 *xym* 存在或者有些 *xym′* 存在；二元图的命题是：有些 *xy* 存在；论域相同时，这两个命题互相等值。若采用第 6 篇下标符号法，可表示为：xym_1或 xym'_1，当且仅当 xy_1。

③ 三元图的命题是个合取命题：没有 *xym* 存在和没有 *xym′* 存在；二元图的命题是：有些 *xy* 存在；论域相同时，这两个命题互相等值。若采用第 6 篇下标符号法，可表示为：xym_0和 xym'_0，当且仅当 xy_0。

在西北角，两个单元格中只有一个标记为空；因此，在二元图里，我们不知道西北角是已占用的还是空的，所以我们不能标记它。

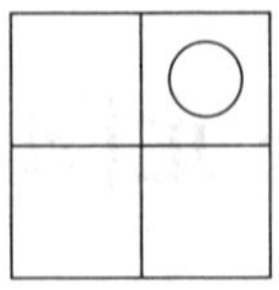

在东北角，我们发现两个棋子“0”，每格一个；因此，东北角肯定是空的；所以，在二元图的东北角，也放置“0”。在西南角，我们没有任何信息。在东南角，我们没有足够信息。由所得二元图，我们可以读出命题：没有 x 是 y' 或没有 y' 是 x，二者均可。

例 2

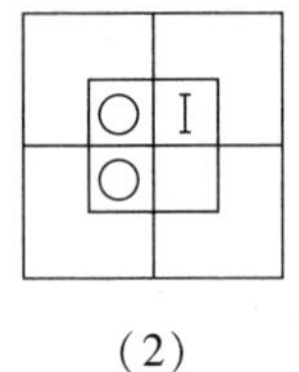

(2)

在西北角，我们没有足够的可用信息。

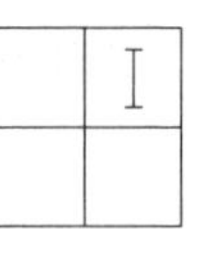

在东北角，我们找到了一个棋子“I”；这表明它被占用了；所以，在二元图的东北角放置一个棋子“I”。在西南角，我们没有足够的可用信息。在东南角，我们没有信息。由所得二元图，我们可以读出命题：有些 x 是 y' 或有些 y' 是 x，二者均可。

例 3

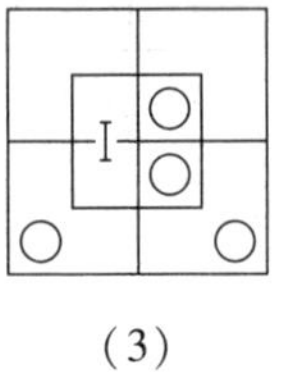

(3)

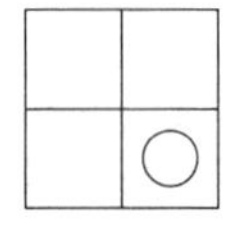

在西北角，我们没有可用信息。（坐在分界线上的棋子“I”对我们毫无用处；只有我们知道它跳入西北内格的时候，才确实有用。）

在东北角，我们没有足够的可用信息。西南角也没有。东南角是唯一具有足够可用信息的区域；它当然是空的；所以，我们在二元图东南角里放置棋子“0”。最后，读出命题为：没有 x' 是 y' 或没有 y' 是 x'，二者均可。

例 4

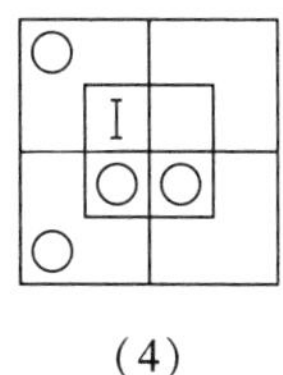

（4）

西北角已占用，尽管外格有一个棋子“0”。所以，我们在二元图西北角放置棋子“Ⅰ”。东北角没有信息。

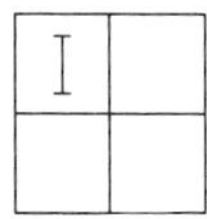

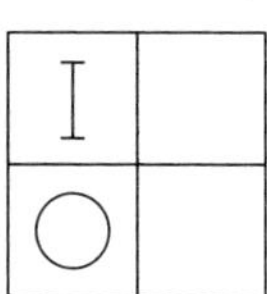

西南角显然是空的；所以我们在二元图上标记棋子“0”。东南角没有足够可用信息。所得二元图解读为：所有 y 都是 x。]

［复习表 5 表 6（第 48–49 页）. 习题 § 1, 13–16（第 100 页）; § 2, 21–32（第 101 页）; § 3, 1–20（第 102 页）.］

第五篇　三段论

第1章　导言

如果一组双词项的关系命题共有三个，且符合下述条件：

(1) 所有的六个词项都是同一个属的种，

(2) 每对命题之间都有一对相同的词项，

(3) 这三个命题具有下述关系：若前两个是真的，则第三个将是（would be）真的，那么该组命题称为三段论（syllogism）。包含六个词项的那个属，称之为它们的“讨论的论域”（universe of discourse），或者简称“论域”（Univ.）。前两个命题被称为它的“前提”（premisses），第三个称为它的“结论”（conclusion）。前提中那对相同词项称为它的“删除项”（eliminands），另外两个词项称为它的“保留项”（retinends）①。

三段论的结论是从其前提得出的“推论”（consequent）；因此，通常会在其前面加上“所以”（therefore）一词（或符号∴）。

［注意，称为“删除项”的原因是，该词项在结论里已经被删除而没有出现；称为“保留项”的原因是，该词项在结论里保留下来而仍然出现。

还应注意，无论前提是否推出结论，三段论不依赖于三个命题的真假值，但完全依赖于命题之间的相互关系。

三段论实例一，我们来看看这组三个命题：

没有 x 的事物是 m 的事物；

没有 y 的事物是 m' 的事物。

没有 x 的事物是 y 的事物。

如第 26 页所述，我们可以这样写：

① 删除项就是中项（middle term），即在结论里不出现的那个词项。保留项就是大项（major term）和小项（minor term），即在结论里仍然出现的那两个词项；卡罗尔不区分大项小项。

没有 x 是 m；

没有 y 是 m'。

没有 x 是 y。

这里第一个和第二个命题包含一对相同的类 m 和 m'；第一个和第三个命题包含一对 x 和 x；第二个和第三个命题包含一对 y 和 y。此外，这三个命题（我们将在下文中看到）具有这样的关系：如果前两个都是真的，那么第三个也将是真的。

因此，这组三个命题是一个三段论：没有 x 是 m，没有 y 是 m'，这两个命题是它的前提；命题“没有 x 是 y”是它的结论；词项 m 和 m'是它的删除项；词项 x 和 y 是它的保留项。因此我们可以这样写：

没有 x 是 m；

没有 y 是 m'。

$\therefore$ 没有 x 是 y。

三段论实例二，这组三个命题如下：

所有猫都懂法语；

有些鸡是猫。

有些鸡懂法语。

按照命题的标准形式，这组命题是：

所有猫都是懂法语的生物；

有些鸡是猫。

有些鸡是懂法语的生物。

这里所有的六个词项都是“生物”属的种。第一个和第二个命题包含一对相同的类“猫”和“猫”；第一个和第三个命题包含一对“懂法语的生物”和“懂法语的生物”；第二个和第三个命题包含一对“鸡”和“鸡”。

此外，这三个命题（我们将在第 64 页看到）具有如下关系：如果前两个都是真的，那么第三个将是真的。

(在我们的星球里，前两个命题碰巧不是完全真的。但是在其他星球上，比如说在火星或木星上，没有什么事物阻止它们是真的。在这种情况下，在那个星球上，第三个命题也将是真的；那里的居民可能聘请鸡做法语教师。因此，他们将具有一种特殊的在英国无人知晓的特权，也就是说，在粮食短缺的时候，他们可以命令法语教师制作午餐!)

因此，该组命题是一个三段论：属“生物”就是它的“论域”；“所有猫都懂法语”和“有些鸡是猫”这两个命题是它的前提，结论是“有些鸡懂法语”；词项“猫”和“猫”是它的删除项；词项“懂法语的生物”和“鸡”是它的保留项。因此我们可以这样写：

所有猫都懂法语；

有些鸡是猫。

∴ 有些鸡懂法语。]

第 2 章　三段论的难题

第 1 节　导言

若命题的词项是名词或名词词组，则称之为具体命题（concrete）；若其词项是字母，则称之为抽象命题（abstract）。当具体命题翻译成抽象命题时，我们首先确定论域，然后令每个词项作为它的种，再选定字母表示属性（或词项）。

［例如，假设我们希望把具体命题“有些士兵是勇敢的”翻译成抽象命题。我们首先把“人”当作论域，把“士兵”和“勇敢的人”作为属“人”之内的种；我们用字母 x 来代表“士兵”的属性（如军队的），y 表示“勇敢的”。那么这个命题的标准形式为：有些军队的人是勇敢的人；即有些 x 的人是 y 的人，即（如同第 32 页所述，省略“人”字）有些 x 是 y。实际解题时，我们会简洁叙述。令论域是“人”，x=士兵，y=勇敢的，具体命题“有些士兵是勇敢的”，马上翻译为抽象命题“有些 x 是 y”。］

我们必须解决的题目有两种类型：

（1）已知两个关系命题，它们之间包含一对相同的词项，而且它们都是前提；要求确定：已知前提推出何种结论（如果有结论）。

（2）已知三个关系命题，其中每两个命题之间都包含一对相同的词项，而且它们是个三段论；要求确定：已知前提是否推出已知结论，若是，则结论是否完整。

我们将分别讨论这些题目。

第 2 节　已知前提，求出结论[①]

求解规则，如下所述：

（1）确定论域。

（2）构造字典：令 m 和 m（或 m 和 m'）表示一对相同的类，x（或 x'）和 y（或 y'）表示另外两个类。

（3）已知前提翻译为抽象命题。

（4）在 xym 三元图上，合并两个前提。

（5）在 xy 二元图上，确定 xy 命题（如果有的话）。

（6）抽象命题翻译为具体命题。

显然，若已知前提为真，则所得命题必真。所以，该命题是已知前提推出的结论。

[举例如下。

例 1

没有“我的儿子”是不诚实的；

人们都尊重那些诚实的人。

论域为“人”。已知前提改写为标准形式：没有“我的儿子”是不诚实的人[②]；所有诚实的人都是被人们尊重的人[③]。

我们首先构造字典，即 m = 诚实的；x = 我的儿子；y = 被人们尊重的。（注意，“我的儿子”是论域“人”的子类，也表示该子类的属性。）

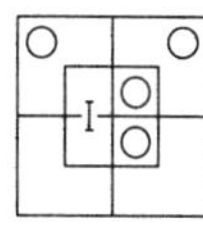

---

① 原文标题较长：给定一对关系命题作为前提，它们之间包含一对相同的类；确定由此得出的结论（如有结论）。

② 它是全称否定命题，按照汉语习惯，应该是“所有我的儿子都不是不诚实的”。在英语里，no S are P 应该理解为 all S are not P. 即 No son of mine is dishonest. 应理解为 All son of mine are not dishonest.

③ 原文是 People always treat an honest man with respect；改写为 All honest men are men treated with respect。“诚实的人”在原句里为宾语，改写后变为主语了。原句里的主语，改写后变为表语了。自然语言的命题改写为标准形式的命题，需要具备一些语法修辞知识。

下一步是将给定前提翻译为抽象形式，如下所示：

没有 x 是 m'；所有 m 都是 y。

接下来，按照第 52 页描述的方法，我们在三元图上表示命题，得图：

接下来，通过第 55 页描述的过程，我们可以将所有可用信息转移到一个二元图中。

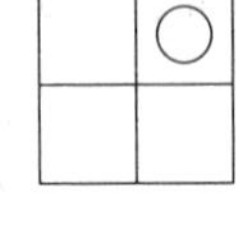

该图读出为“没有 x 是 y'”或“没有 y'是 x”，二者均可。我们再回查字典，比较一下哪个较好，我们选择“没有 x 是 y'”。所以，翻译为具体式：没有“我的儿子”不被人们尊重，(即所有“我的儿子”都是被人们尊重的人)。

例 2 所有猫都懂法语；

有些鸡是猫。

论域为“生物”。已知前提改写为标准形式命题：所有猫都是懂法语的生物；有些鸡是猫。

构造字典：m=猫；x=懂法语的生物；y=鸡。

前提翻译为抽象式：所有 m 都是 x；有些 y 是 m。

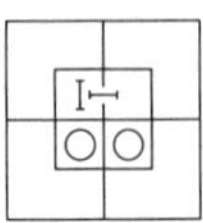

为了在三元图上表示这些命题，我们将第一个命题分解为等值的两个命题，从而得到如下三个命题：（1）有些 m 是 x；（2）没有 m 是 x'；（3）有些 y 是 m。

按照第 53 页给出的规则，我们按照（2）（1）（3）的顺序放置棋子。

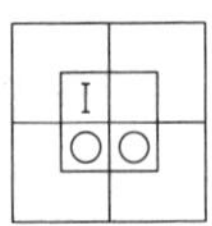

然而这个图形比较麻烦。所以最好是按照（2）（1）（3）的顺序。由命题 2 和命题 3 放置棋子，得到右图：

现在我们不必为命题 I 烦恼了，因为“有些 m 是 x”这个命题已经在图表上出现了。

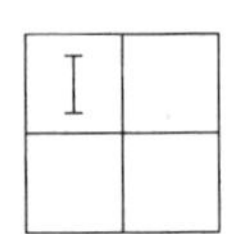

我们把所有可用信息传达到二元图，读出命题为：有些 x 是 y，或有些 y 是 x。

查阅字典后，我们选择“有些 y 是 x”；翻译为具体式为“有些鸡懂法语”。

例 3 所有勤奋的学生都是成功的；

所有无知的学生都是不成功的。

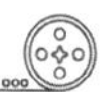

令论域为“学生”；m=成功的；x=勤奋的；y=无知的。

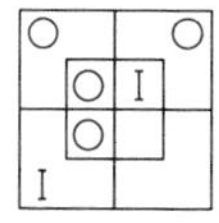

这些前提的抽象式为：x 都是 m；所有 y 都是 m'。

全称肯定命题分别拆解两个命题，得到下述四个命题：（1）有些 x 是 m；（2）没有 x 是 m'；（3）有些 y 是 m'；（4）没有 y 是 m。

我们将按照（2）（4）（1）（3）的顺序放置棋子，得到三元图。

所有可用信息都传达到二元图，得右图。

我们读出两个结论，即所有 x 都是 y' 或者所有的 y 都是 x'。

翻译成具体式：所有勤奋的学生都是（非无知的，即）有知识的；

所有无知的学生都是（不勤奋的，即）懒惰的。（否定词项的用法参见第 4 页。）

例 4　在最后一次受审的犯人里，所有被判有罪的都被判监禁；

有些被判监禁的被判苦役。

令论域为“在最后一次受审的犯人”。m=被判监禁的；x=被判有罪的；y=被判苦役的。

前提的抽象式为：所有 x 是 m；有些 m 是 y。

拆分第一个命题，得到如下命题：（1）有些 x 是 m；（2）没有 x 是 m'；（3）有些 m 是 y。按照（2）（1）（3）顺序，在三元图里放置棋子，得图：

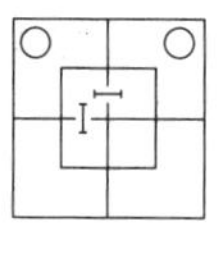

在这个三元图里，没有可用信息可以传达到二元图。

你可能会猜到，如果你只看到了前提，结论是“有些被判有罪的是被判处苦役的”。但是在论域“在最后一次受审的犯人”里，这个结论可能不是真的。

你会非常惊讶：“怎么会不是真的！”“那些被判有罪而且被判苦役的犯人，究竟是谁呢？他们受审了吗？如何受审的呢？”

你看，可能发生这样的事情。有三个犯人，他们在公路抢劫。受审时也承认有罪。但是，他们有罪而没有被判刑。]

以上四个例题，再以最简洁的形式列出如下，以便于读者模仿。

例 1（第 63 页）

没有“我的儿子”是不诚实的；

人们都尊重那些诚实的人。

论域为“人”；m=诚实的；x=我的儿子；y=被人们尊重的。

没有 x 是 m'；
所有 m 都是 m'。

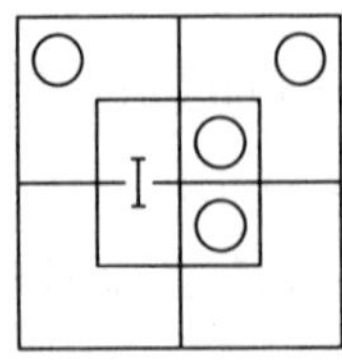

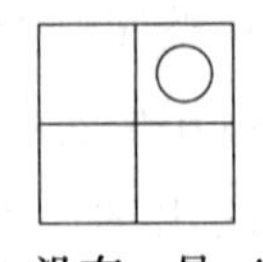

∴ 没有 x 是 y'。

即没有“我的儿子”不被人们尊重。

例 2（第 64 页）

所有猫都懂法语；

有些鸡是猫。

论域为“生物”；m=猫；x=懂法语的生物；y=鸡。

所有 m 都是 x；
有些 y 是 m。

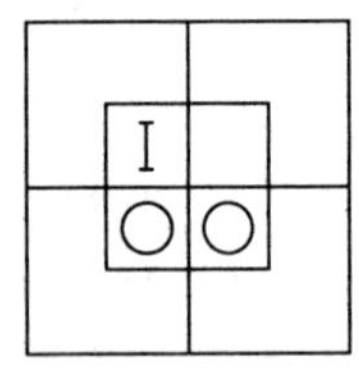

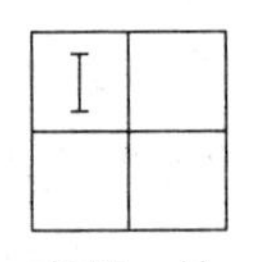

∴ 有些 y 是 x。

即有些鸡懂法语。

例 3（第 64 页）

所有勤奋的学生都是成功的；

所有无知的学生都是不成功的。

论域为“学生”；m=成功的；x=勤奋的；y=无知的。

所有 x 都是 m；
所有 y 都是 m'。

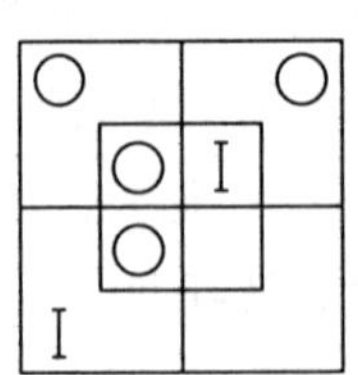

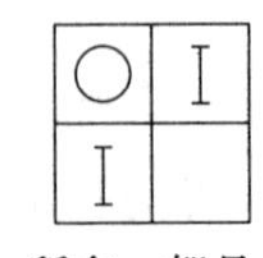

∴ 所有 x 都是 y'；
所有 y 都是 x'。

即所有勤奋的学生都是（非无知的，即）有知识的；所有无知的学生都是（不勤奋的，即）懒惰的。

例 4（第 65 页）

在最后一次受审的犯人里，所有被判有罪的都被判监禁；

有些被判监禁的被判苦役。

论域为“在最后一次受审的犯人”；m = 被判监禁的；x = 被判有罪的；y = 被判苦役的。

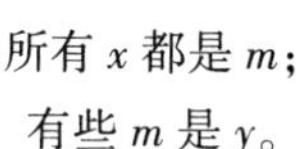

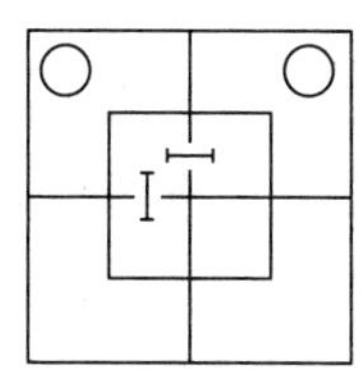

无结论。

［复习表 7 和表 8（第 50-51 页）. 习题 § 1，17-21（第 100 页）；§ 4，1-6（第 102 页）；§ 5，1-6（第 103-104 页）.］

第 3 节　已知三段论，判定有效性[①]

判定规则如下：

（1）按照第 60 页描述的求解规则，分析给定前提，然后确定：给定前提推出何种新结论，如果确有新结论。

（2）如果没有新结论，那么说出答案。

（3）如果确有新结论，那么先比较原结论，再说出答案。

我现在将以最简单的形式列出六个难题，作为读者模仿的例题。

例 1

所有士兵都是强壮的；

所有士兵都是勇敢的。

有些强壮的人是勇敢的。

论域为“人”；m = 士兵；x = 强壮的；y = 勇敢的。

① 原文题目为：给定三段论的三个关系命题，其中每两个包含一对相同的类；要求确定：所给前提能否推出所给结论，如果能，是否完整。

所有 m 都是 x；
所有 m 都是 y。
有些 x 是 y。

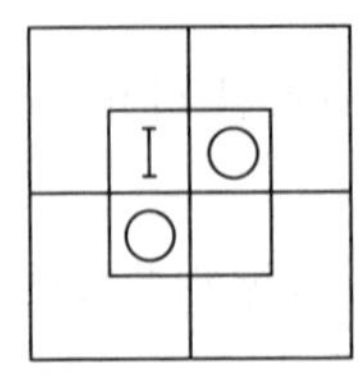

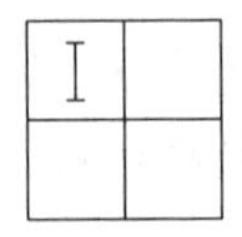

∴ 有些 x 是 y。

所以，原结论是正确的。

例 2 我喜欢这些照片；
我喜欢的事物我都仔细检查。
有些照片我仔细检查了。

论域为“事物”；m=我喜欢的；x=这些照片；y=我仔细检查的。

所有 x 都是 m；
所有 m 都是 y。
有些 x 是 y。

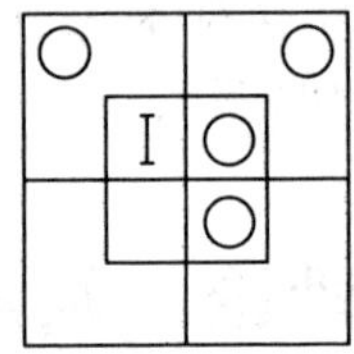

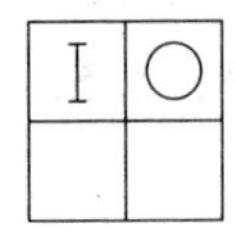

∴ 所有 x 都是 y。

所以，原结论是不完整的，完整结论是：所有照片我都仔细检查了。

例 3 只有英雄配美人①；
有些吹牛者是懦夫。
有些吹牛者不配美人。

论域为“人”；m=英雄；x=配美人的；y=吹牛者。

没有 m' 是 x；
有些 y 是 m'。
有些 y 是 x'。

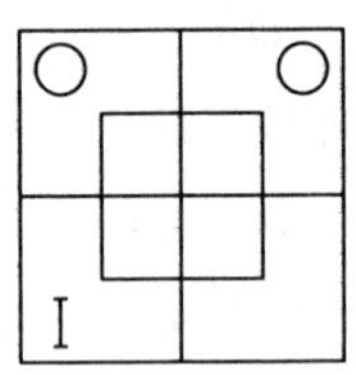

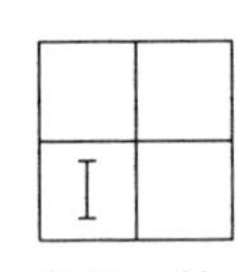

∴ 有些 y 是 x'。

所以，原结论正确。

① (none but S are P) = (no S′ are P) = (all S′ are P′).

例 4

所有士兵都能打仗；
有些儿童不是士兵。
有些儿童不能打仗。

论域为“人”；m = 士兵；x = 能打仗；y = 儿童。

所有 m 都是 x；
有些 y 是 m'。
有些 y 是 x'。

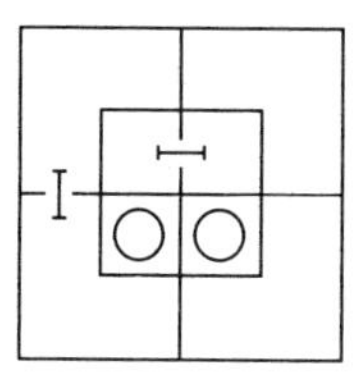

无结论。

所以，原前提不能推出原结论①。

例 5

所有自私的都是没人缘儿的；
所有乐于助人的都是有人缘儿的。
所有乐于助人的都是无私的。

论域为“人”；m = 有人缘儿的；x = 自私的；y = 乐于助人的。

所有 x 都是 m'；
所有 y 都是 m。
所有 y 都是 x'。

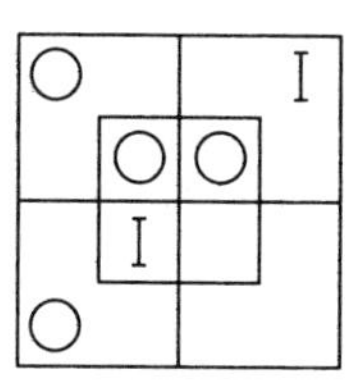

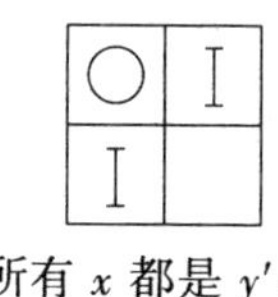

∴ 所有 x 都是 y'；
所有 y 都是 x'。

所以，原结论不完整，完整结论里应该再加上“所有自私的都不是乐于助人的”。

例 6

想去火车站却没有马车的时候，在缺乏足够的时间步行去火车站的人里，没人不需要快跑；

想去火车站却没有马车的这群游客，他们都具有足够的时间步行去车站。

① 显然，所得 xy 二元图是空白，没有棋子，所以没有新结论。另外，前提 all m are x 里，词项 x 不周延；结论 some y are x'，换质得 some y are not x，故词项 x 周延。词项 x 在前提里不周延，但在结论里周延，所以该三段论是无效的。

这群游客都是不需要快跑的。

论域为“想去火车站却没有马车的人”；m=具有足够的时间步行到车站的；x=需要快跑的；y=这些游客。

没有 m' 是 x'；
所有 y 都是 m。
所有 y 都是 x'。

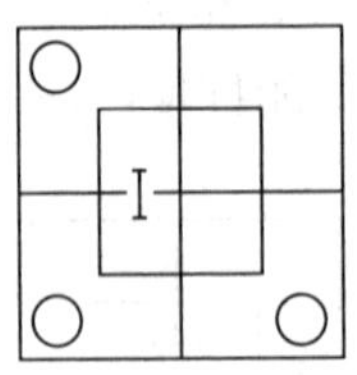

无结论。

所以，原前提不能推出原结论①。

［尊敬的读者，这里有个机会，可以和你的朋友开个玩笑。把例6的三段论摆在他面前，问他对结论的看法。

他会回答：“当然，这个结论是完全正确的！如果你珍贵的逻辑书告诉你不是，不要相信书！你告诉我了，这些游客不需要快跑。如果我是他们中的一员，知道前提是真的，那么我很清楚，我不需要快跑，我慢走。”

你会再问：“但假设你身后有一头疯牛呢？（你还是慢走吗？）”

你的朋友会说：“哼！哈！我得好好想想！”

然后，你可以向他解释，三段论可靠性（soundness）的检验方法是：如果有一种情况，使得前提为真而结论为假，那么该三段论是不可靠的（unsound）②］。

［复习表5至表8（第48-51页）. 习题 § 4, 7-12（第103页）；§ 5, 7-12（第104页）；§ 6, 1-10（第107页）；§ 7, 1-6（第108-109页）.］

① 显然，所得 xy 二元图是空白，没有棋子，所以没有新结论。另外，前提 no m' are x' 换位得 no x' are m'，再换质得 all x' are m；所以中项 m 不周延。前提 all y are m 里，中项 m 也是不周延的。因为按照三段论的规则，中项至少周延一次，所以，该三段论是无效的。

② 此处有误。可靠的（sound）三段论应该是有效的三段论 valid（effective）mood of categorical syllogism。不可靠的（unsound）是指无效的（non-valid 或 non-effective）。

第六篇　下标符号法

第1章　导言

我们约定如下：符号 x_1（其中数字“1”为下标符号，subscript）意思是“有些现存事物具有 x 属性”，即（简而言之）“有些 x 存在”；此外，“xy_1”意思是“有些 xy 存在”；（三个以上词项时）以此类推。这样的命题可以称为“特称命题”（entity）。

［注意，当下标符号表达式中有两个字母时，前后顺序无关紧要。例如，xy_1 和 yx_1 的意思完全相同。］①

符号 x_0（其中数字“0”为下标符号）的意思是“没有现存事物具有 x 属性”，即（简而言之）“没有 x 存在”；此外，“xy_0”意思是“没有 xy 存在”；（三个以上词项时）以此类推。这样的命题可以称为“全称命题”（nullity）②。

符号 † 的意思是“和”（and）③。

［ab_1 † cd_0 意思是：有些 ab 存在和没有 cd 存在。］

符号 ¶ 的意思是“若前提为真，则结论为真”（would，if true，prove）④。

---

① entity，表示实集（实类，实词项，非空集）的命题，a proposition of real class；本书意译为特称命题。在 x 一元图里，x_1 的意思是：在区域 x 里放置一枚红棋子或“Ⅰ”。在 xy 二元图里，xy_1 意思是：在区域 xy 内放置一枚红棋子或“Ⅰ”。在集合论上，x_1 意思是：集合 x 不等于空集。xy_1 意思是：由集合 x 和集合 y 可以得到交集 xy，交集 xy 不等于空集。

② nullity，表示空集（空类，空词项）的命题，a proposition of imaginary class；本书意译为全称命题。在 x 一元图里，x_0 的意思是：在区域 x 里放置一枚灰棋子或“0”。在 xy 二元图里，xy_0 意思是：在区域 xy 内放置一枚灰棋子或“0”。在集合论上，x_0 意思是：集合 x 等于空集。xy_0 意思是：由集合 x 和集合 y 可以得到交集 xy，交集 xy 等于空集。

③ 剑号 † 表示了两个前提之间合取联结词的意思。这个符号通常可以省略，而采用标点符号（;）。

④ 符号 ¶ 与符号∴ 的意思相同，是前提与结论之间的推出符号，也读为“所以”。

［“$x_0 \P xy_0'$”的意思是：若命题“没有 x 存在”为真，则命题“没有 xy 存在”为真。］

若两个词项的字母都有撇号或都没有撇号（accent）①，则说这两个字母是撇号相同的（like signs），或者说它们是相同的。若两个字母中一个有撇号另一个没有，则说这两个字母是撇号不同的（unlike signs），或者说它们是不同的。

① 重音符号（accent）即撇号（apostrophe），它相当于补集运算符。若 x 表示集合 x，则 x'表示集合 x 的补集。已知 x 的补集，若再进行补集运算，则结果还是 x；即 $x=(x')'$。x 与 x'的并集等于论域，x 与 x'的交集等于空集。

第 2 章　关系命题的下标式

首先，我们来看关系命题“有些 x 是 y”。

我们知道，它等值于存在命题“有些 xy 存在”（见第 34 页）。因此，它的下标符号表达式（以下简称下标式）为 xy_1。

其换位命题是“有些 y 是 x”，当然也是相同的下标式，即 xy_1。

类似地，下述三对换位命题也分别具有相同的下标式，即

有些 x 是 y' = 有些 y' 是 x，

有些 x' 是 y = 有些 y 是 x'，

有些 x' 是 y' = 有些 y' 是 x'。

其次，我们来看关系命题“没有 x 是 y”。

我们知道，它等值于存在命题“没有 xy 存在”（见第 35 页）。因此，它的下标式为 xy_0。

它的换位命题为“没有 y 是 x”，当然也有相同的下标式，即 xy_0。

类似地，下述三对换位命题也分别具有相同的下标式，即

没有 x 是 y' = 没有 y' 是 x，

没有 x' 是 y = 没有 y 是 x'，

没有 x' 是 y' = 没有 y' 是 x'。

最后，我们来看关系命题“所有 x 都是 y”。

很明显，它等值于存在命题“有些 x 存在和没有 xy' 存在”；这个双命题告诉我们：有些 x 事物存在，但没有 x 事物具有 y' 属性；即告诉我们：所有 x 事物都具有 y 属性，即所有 x 都是 y。

显然，下标式 $x_1 \dagger xy'_0$ 表达了双命题。

因此，它也表达了关系命题“所有 x 都是 y”。

[读者可能困惑：本章说，命题“所有 x 都是 y”等值于双命题“有些 x 存在，但没有 xy' 存在”；在本书第 35 页，却说它等值于双命题“有些 x 是 y，但没有 x 是 y'”（即有些 xy 存在，但没有 xy' 存在）。我的解释是：从我们的研究目标看，命题“某些 xy 存在”包含了多余的信

息；但命题“有些 x 存在”包含了足够的信息。]①

这个表达式可以写得更简短，即 $x_1y'_0$，因为每个下标符号的限制范围都是返回到表达式的开头。

同样地，我们可以写出七个类似命题的下标式：所有 x 都是 y'，所有 x' 都是 y，所有 x' 都是 y'，所有 y 都是 x，所有 y 都是 x'，所有 y' 都是 x，所有 y' 都是 x'。

[读者应该自己写出它们的下标式。]

翻译“所有”开头命题时，记住下列窍门将会非常方便：不论是从抽象式到下标式，还是从下标式到抽象式，只需改变谓语撇号即可（从肯定变成否定，或者从否定变成肯定）。

[因此，所有 y 都是 x'，翻译为 y_1x_0，其中谓语从 x' 变成 x。下标符号 $x'_1y'_0$ 翻译为所有 x' 都是 y，其中谓语 y' 变成 y。]

① 卡罗尔认为，这两个双命题之间是不等值的。但按照谓词逻辑的符号，可以证明，它们之间是等值的。

第3章　三段论

第1节　三段论的下标式

我们已经知道了，如何使用下标式表示三段论的三个命题。我们现在要做的是：将这三个下标式命题写成一行，并在前提之间加上“†”，在结论之前加上“¶”。

[例如，这个三段论

没有 x 是 m'；
所有 m 都是 y。
∴ 没有 x 是 y'。

可以这样表示：

$$xm'_0 \dagger\ m_1y'_0 \P\ xy'_0$$

如果具体式命题翻译为下标式，读者可以使用如下方法：首先翻译为抽象式，然后再翻译为下标式。经过一段时间的练习，从具体式就可以直接翻译为下标式。]

第2节　三段论的公式

利用上述图解，我们可以从给定前提对发现一个结论。如果采用下标式命题来表达这个三段论，那么我们就得到了一个三段论公式。利用三段论公式，不再利用上述图解，我们就可以从具有相同下标式的前提对发现一个下标式的结论。

[因此，如果表达式

$$xm_0 \dagger\ ym'_0 \P\ xy_0$$

是一个三段论公式，那么利用它，根据下标式的前提对 $xm_0 \dagger\ ym'_0$，我们就可以直接得到结论。

例如，假设我们已知前提是如下一对命题：

没有贪吃者是健康的；

没有不健康的人是强壮的。

令论域为“人”；m=健康的；x=贪吃的；y=强壮的。该对命题翻译为抽象式，得：

没有 x 是 m；

没有 m'是 y。

再翻译为下标式，得：

$$xm_0 \dagger m'y_0$$

显然，该式与我们公式中的前提相同。因此，我们马上知道，结论为 xy_0。

该结论的抽象式为

没有 x 是 y；

具体式为

没有贪吃者是强壮的。]

下面，我首先利用图解，根据三组不同的前提对，马上得出相应的结论；然后，采用下标符号模拟这个图解过程，就得到一些有用的公式。我称之为：图式一（fig. Ⅰ），图式二（fig. Ⅱ），图式三（fig. Ⅲ）。

图式一

该图式的一对前提都是全称命题，而且删除项撇号不同。

最简单情况是下图①：

$xm_0 \dagger ym'_0$

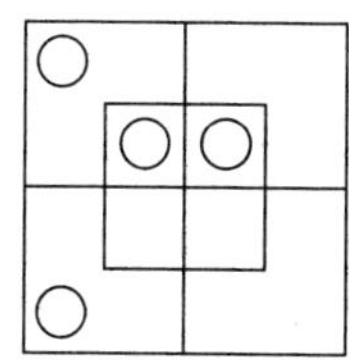

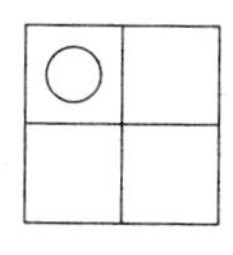

$\therefore\ xy_0$

① 因为命题内两个词项可以换位，所以这种最简单情况相当于三段论的第一格 EAE 式。

我们看到，结论是全称命题，两个保留项都保持了它们的撇号。

我们发现，满足给定条件的任意一对前提都可以应用这个规则。

[读者最好自己验证这个规则。在棋盘图上，练习如下几种略微复杂的情况：

$m_1x_0 \dagger ym'_0$ (which ¶ xy_0)①

$xm'_0 \dagger m_1y_0$ (which ¶ xy_0)

$x'm_0 \dagger ym'_0$ (which ¶ $x'y_0$)

$m'_1x'_0 \dagger m_1y'_0$ (which ¶ $x'y'_0$)。]

如果前提中有一个保留项是存在的，那么在结论中它当然也是存在的。

因此我们遇到了图式一的两种特殊情况，即

(α) 一个保留项是存在的；

(β) 两个保留项都是存在的。

[读者最好自己在棋盘图上练习这两种特殊情况，例如：

$m_1x_0 \dagger y_1m'_0$ (which proves y_1x_0)②

$x_1m'_0 \dagger m_1y_0$ (which proves x_1y_0)

$x'_1m_0 \dagger y_1m'_0$ (which proves $x'_1y_0 \dagger y_1x'_0$)。]

总之，需要记住的公式为

$$xm_0 \dagger ym'_0 \P\ xy_0$$

及其两条规则：

(1) 若两个命题都是全称命题，且删除项撇号不同，则推出一个全称命题，其中两个保留项的撇号不变。

(2) 若在前提中的保留项是存在性的，则在结论中它们还可以照旧。

[请注意，规则 (1) 只是用文字表达了该公式。]

图式二

本图式包含一对前提，其中一个为全称命题，另一个为特称命题；删除项撇号是相同的。

---

① which ¶ xy_0，该前提推出结论 xy_0；也可以使用“所以”符号∴。

② which proves y_1x_0，该前提推出结论 x_1y_0；也可以使用“所以”符号∴。

首先看最简单的情况①：

$xm_0 \dagger ym_1$

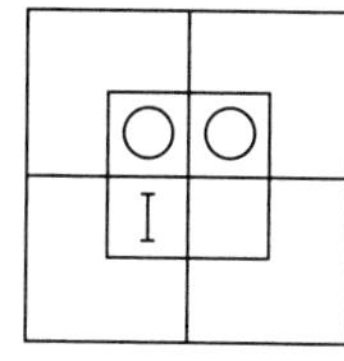

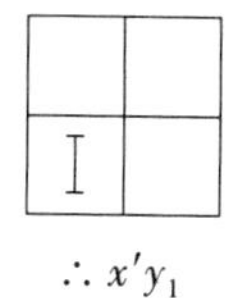

$\therefore x'y_1$

我们看到，结论为特称命题，且其中全称命题的那个保留项改变了撇号。

其次，我们看看几种复杂的情况。符合给定条件的任意前提对，都可以使用这个规则。

［读者最好自己检验一下这个规则，在棋盘图形上推出结论。有如下几种情况：

$x'm_0 \dagger ym_1$（which ¶ xy_1）

$x_1m'_0 \dagger y'm'_1$（which ¶ $x'y'_1$）

$m_1x_0 \dagger y'm_1$（which ¶ $x'y'_1$）。］

总之，需要记忆的公式为：

$xm_0 \dagger ym_1$ ¶ $x'y_1$

及其规则：

若前提为一个全称和一个特称的命题，其中删除项撇号相同，则推出一个特称命题，其中那个全称命题的保留项改变撇号。

［这个规则只是该公式的文字表达］。

图式三

它的一对前提都是全称命题，其中的删除项撇号相同而且断定了存在性。

最简单情况是：

$xm_0 \dagger ym_0 \dagger m_1$

［请注意，在此分别说明一下“m_1”。因为在两个前提中，m 究竟

① 因为命题内两个词项可以换位，所以这种最简单情况相当于直言三段论的第一格 EIO 式。

出现在哪个前提无关紧要，所以该前提对可以是三种形式：$m_1x_0 \dagger ym_0$，$xm_0 \dagger m_1y_0$，和 $m_1x_0 \dagger m_1y_0$。]

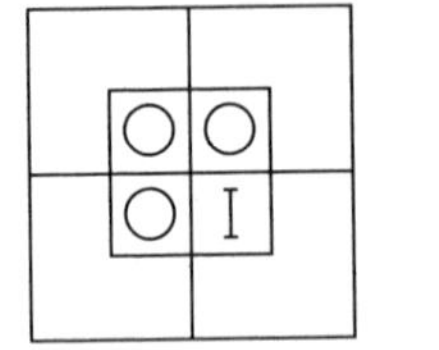

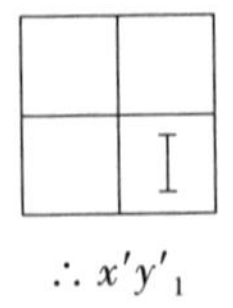

$\therefore x'y'_1$

我们看到，结论为特称命题，其中两个保留项都改变了撇号。

其次，我们发现，符合给定条件的任意前提对都适用于该规则。

[读者最好自己在图形上检验这个规则，比如下述情况：

$x'm_0 \dagger m_1y_0$ (which ¶ xy'_1)

$m'_1x_0 \dagger m'y'_0$ (which ¶ $x'y_1$)

$m_1x'_0 \dagger m_1y'_0$ (which ¶ xy_1)①。]

总之，需要记忆的公式为：

$$xm_0 \dagger ym_0 \dagger m_1 \P\ x'y'_1$$

及其规则（该公式的文字叙述）：

若前提为两个全称命题，其中删除项撇号相同而且断定了存在性，则可以推出一个特称命题，其中两个保留项都改变撇号②。

为了帮助读者记住这三个图解的特点和公式，我把它们放在一张表格上。

表 6-1　采用下标符号法，三段论的公式与规则

图式一（fig. Ⅰ）
$xm_0 \dagger ym'_0 \P\ xy_0$
若前提为两个全称命题，且删除项撇号不同，则结论为一个全称命题，且保留项的撇号都不变。若前提的保留项是存在的，则结论里它可以照旧。

① 该表达式相当于直言三段论第三格 AAI 式。

② 为了证明前提为两个全称命题而结论为特称命题的有效性，需要假设词项的存在含义。如果不假设中项 m 的存在性，即 $m1$，仅仅根据两个全称命题，利用上述图解，那么我们不能发现结论。

续表

图式二（fig. Ⅱ） $xm_0 \dagger ym_1 \P\ x'y_1$ 若前提为一个全称和一个特称命题，且删除项撇号相同；则结论为一个特称命题，且那个全称保留项的撇号改变。
图式三（fig. Ⅲ） $xm_0 \dagger ym_0 \dagger m_1 \P\ x'y'_1$ 若前提为两个全称命题，且删除项撇号相同又断定了存在性，则结论为一个特称命题，且保留项的撇号都改变。

现在我要用公式法解答几个三段论的难题，这些难题在第 5 篇第 2 章里已经使用图解法解决了。

例 1（见 63 页）

没有“我的儿子”是不诚实的；

人们都尊重那些诚实的人。

论域为“人”；m=诚实的；x=我的儿子；y=被人们尊重的。

$$xm'_0 \dagger m_1y'_0 \P\ xy'_0 \qquad \text{(fig. I.)}$$

结论为：没有“我的儿子”不被人们尊重。

例 2（见 64 页）

所有猫都懂法语；

有些鸡是猫。

论域为“生物”；m=猫；x=懂法语的生物；y=鸡。

$$m_1x'_0 \dagger ym_1 \P\ xy_1 \quad \text{(fig. II.)}$$

结论为：有些鸡懂法语。

例 3（见 64 页）

所有勤奋的学生都是成功的；

所有无知的学生都是不成功的。

论域为“学生”；m=成功的；x=勤奋的；y=无知的。

$$x_1m'_0 \dagger y_1m_0 \P\ x_1y_0 \dagger y_1x_0 \qquad \text{(fig. I (β).)}$$

结论为：所有勤奋的学生都是有知识的（非无知的）；所有无知的学生都是懒惰的（不勤奋的）。

例 4（见 67 页）

所有士兵都是强壮的；

所有士兵都是勇敢的。

有些强壮的人是勇敢的。

论域为“人”；m=士兵；x=强壮的；y=勇敢的。

$$m_1x'_0 \dagger m_1y'_0 ¶ xy_1 \qquad \text{(fig. III.)}$$

所以，原结论是正确的。

例 5（见 68 页）

我喜欢这些照片；

我喜欢的事物我都仔细检查。

有些照片我仔细检查了。

论域为“事物”；m=我喜欢的；x=这些照片；y=我仔细检查的。

$$x_1m'_0 \dagger m_1y'_0 ¶ x_1y'_0 \qquad \text{(fig. I (α).)}$$

所以，原结论 xy_1 是不完整的。完整结论是：所有照片我都仔细检查了。

例 6（见 68 页）

只有英雄配美人；

有些吹牛者是懦夫。

有些吹牛者不配美人。

论域为“人”；m=英雄；x=配美人的；y=吹牛者。

$$m'x_0 \dagger ym'_1 ¶ x'y_1 \qquad \text{(fig. II.)}$$

所以，原结论正确。

例 7（见 69 页）

想去火车站却没有马车的时候，在缺乏足够的时间步行去火车站的人里，没人不需要快跑；

想去火车站却没有马车的这群游客，他们都具有足够的时间步行去车站。

这群游客都是不需要快跑的。

论域为“想去火车站却没有马车的人”；m=具有足够的时间步行到车站的；x=需要快跑的；y=这些游客。

$$m'x'_0 \dagger y_1m'_0$$

翻译所得前提，三个公式里的前提，我们分别比较一下，发现它们都是不匹配的①。

因此，还要再次使用图解法，才能求出结论，参见第69页。

所以，原前提不能推出原结论。

［习题 §4，12–20（第103页）；§5，13–24（第104页）；§6，1–6（第107页）；§7，1–3（第108页）。］

第3节 三段论的谬误

所有那些骗人的似是而非的论证都可以称为“谬误”（fallacy）；但本书讨论的谬误是这样的三段论：已知两个命题的前提，却推不出结论。

当所有前提都是I命题或E命题或A命题的时候（我们现在仅仅讨论这三种命题），可以采用“图解法”检验三段论的谬误：首先在三元图上放置已知命题的棋子，然后在二元图上观察到没有棋子。

但是，假设我们也是已知一对前提，而且碰巧它是个谬误，如果采用“下标法”，那么我们如何确定已知前提无结论呢？

我认为，处理三段论谬误的最好办法是，同样采用上述三段论公式的办法：首先，在三元图上放置确定的命题的棋子，并在二元图上确定没有棋子；然后，采用下标法，记录三段论谬误的公式，以备将来使用。

现在，如果我们都采用下标法表示这两组公式，那么很容易混淆这两类公式。因此，为了明确区分，我建议使用文字表示谬误公式，而且称为“谬误形式”，而不再称为“谬误公式”。

现在，我们首先采用图解法，找到三种谬误形式，然后记录在案。如下

① 无法应用三个公式，由所得前提推出结论：（1）所得前提都是全称的，但删除项撇号相同；所以不符合图式一的限制条件。（2）所得前提都是全称的，但删除项未断定存在性；所以不符合图式三的限制条件。（3）图式二的限制条件是一个全称和一个特称前提，但所得前提是两个全称的；所以不符合图式二的限制条件。另外，如果所得前提的第二个命题等值置换为双命题，其中的特称命题再与第一个前提配对，那么此时前提一个是全称的而另一个是特称的；但此时删除项 m' 未断定存在性；所以也不符合图式二的限制条件。

所述：

（1）删除项撇号相同但未断定存在性的谬误。

（2）删除项撇号不同且单个特称前提的谬误。

（3）两个特称前提的谬误①。

每对前提显然都无法推出结论，下面我们将分别讨论。

（1）删除项撇号相同而未断定存在性的谬误②。

显然已知命题都不是特称命题，因为每个特称命题里的两个词项都已断定了存在性。因此已知命题必定都是全称命题。

所以，已知命题对的下标式为 $xm_0 \dagger ym_0$，其中删除项 m 都未断定存在。保留项 x 和 y，或断定存在性或未断定存在性（共有四种可能的情况）。

在三元图上，已知前提对如下所示：

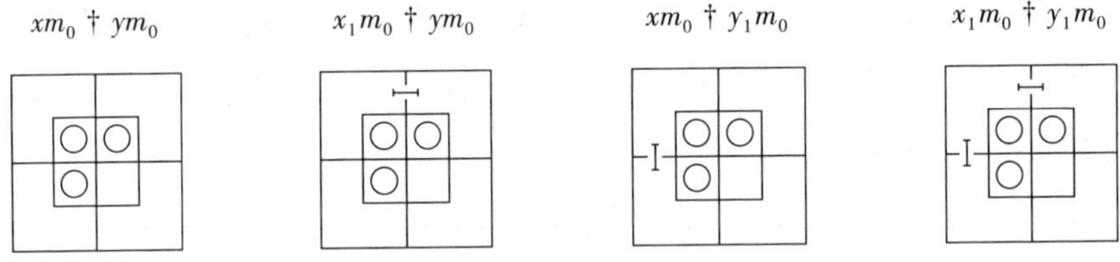

（2）一个特称前提而删除项撇号不同的谬误③。

这里的已知前提对的下标式为 $xm_0 \dagger ym'_1$，其中全称命题里的词项 x 和词项 m，它们或者断定或者未断定存在性（共有三种可能的组合）。

在三元图上，已知前提对如下所示：

---

① 第（1）种的前提，两个全称的而没有特称的命题。第（2）种的前提，一个全称的而另一个特称的命题（这两个命题可以任意交换位置）。第（3）种的前提，两个特称的而没有全称的命题。按照数学上的计算，只有这三种组合，没有其他组合了。

② 若前提为两个全称命题，但删除项撇号相同且未断定存在性，则无结论。即若不符合公式 1 的条件，或者不符合公式 3 的条件，则无结论。

③ 若前提为一个全称命题和一个特称命题，但删除项撇号不同，则无结论。即若不符合公式 2 的条件，则无结论。

④ 公式 1、公式 2、公式 3，请查找：80-81 页，图表九中图式一、图式二、图式三的内容。

$xm_0 \dagger ym'_1$

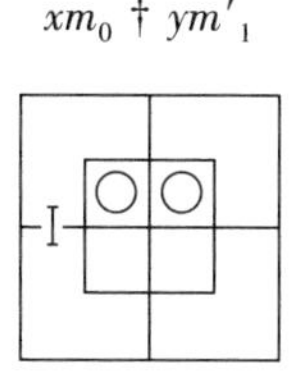

$x_1m_0 \dagger ym'_1$

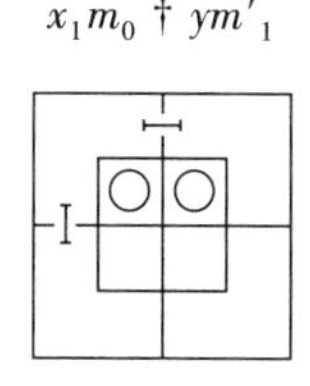

$m_1x_0 \dagger ym'_1$

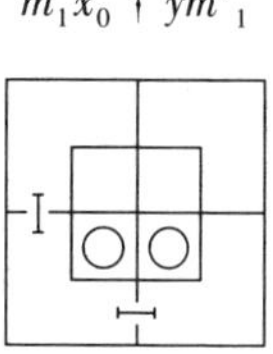

(3) 两个特称前提的谬误①。

给定前提对可以表示为 $xm_1 \dagger ym_1$或 $xm_1 \dagger ym'_1$，等等。

在三元图上，这些前提对如下所示：

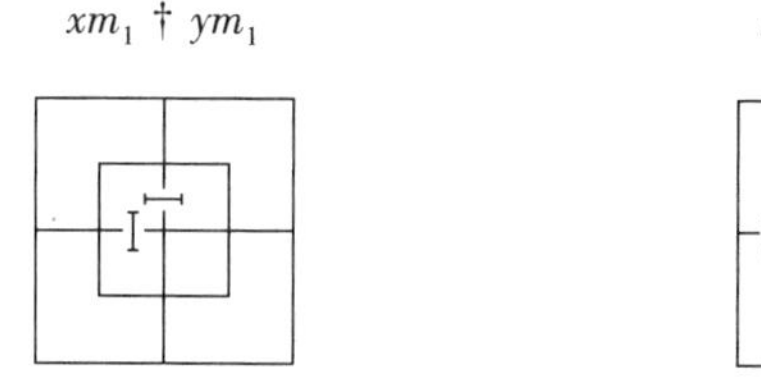

第 4 节　三段论的通解

假设我们已知一对关系命题，命题之间包含一对相同的词项（或类）；我们希望确认：已知命题推出何种结论，如果有结论。若有必要，我们首先把它们翻译为下标式，然后逐步分析：

(1) 我们检查它们的下标式，看看它们究竟是哪种类型：

(a) 一对全称命题；

(b) 一个全称命题和一个特称命题；

(c) 一对特称命题。

(2) 如果它们是一对全称命题，那么我们检查它们的删除项，看看删除项撇号究竟是相同的还是不同的。

如果删除项撇号不同，那么这是图式一的实例。然后我们进一步检查它们的保留项，看看保留项究竟是存在的还是不存在的。如果一个保留项是存

① 若两个前提都是特称命题，（无论词项是否具有撇号）则无结论。

在的，那么这是图式一（α）的实例。如果两个保留项都是存在的，那么这是图式一（β）的实例。

如果删除项撇号相同，那么我们检查一下，看看删除项究竟是存在的还是不存在的。如果存在，则这是图式三的实例。如果不存在，那么这是谬误的实例（删除项撇号相同而未断定存在性的谬误）。

（3）如果一个命题是全称的而另一个是特称的，那么我们检查它们的删除项，看看删除项的撇号究竟是相同的还是不同的。

如果删除项撇号是相同的，那么这是图式二的实例。如果删除项撇号是不同的，那么这是谬误的实例（一个特称前提而删除项撇号相同的谬误）。

（4）如果它们是一对特称命题，那么这是谬误的实例（两个特称前提的谬误）。

［习题 § 4，1-11（第 102-103 页）；§ 5，1-12（第 103-104 页）；§ 6，7-12（第 107 页）；§ 7，7-12（第 109 页）］

第七篇　连锁三段论

第1章　导言

一组三个（或三个以上的）二元关系命题，它们的所有词项都是同一属的种；而且它们之间也有着密切的联系，即两个命题加在一起可以推出一个结论；该结论与另一命题加在一起，又可以推出一个结论；如此下去，所有的命题都应用一次；很明显，如果这组初始命题都是真的，那么最后的结论也是真的。

这组命题和最后结论统称为连锁（复合）三段论（sorites）。这组命题称为“前提”（premisses）；每个中间结论称为“部分结论”（partial conclusion）；最后结论称为“完整结论”（complete conclusion），或者更简单地称为“结论”（conclusion）；所有词项的那个属称为“讨论的论域”（universe of discourse），或简称“论域”（Univ.）；单个三段论里的删除项都是连锁三段论的删除项（eliminands）；结论里的两个词项称为它的保留项（retinends）。[注意，每个部分结论里包含一个或两个删除项；但完整结论只包含保留项]。

由于结论是前提组的推论（consequent），因此在它的前面添加一个词语“所以”（therefore）（或者添加符号∴）。[还应注意，无论前提是否推出结论，连锁三段论不依赖于任意命题的真假值，但完全依赖于任意命题之间的相互关系。

例如，连锁三段论里五个命题如下：

(1) 没有 a 是 b'；
(2) 所有 b 都是 c；
(3) 所有 c 都是 d；
(4) 没有 e'是 a'；
(5) 所有 h 都是 e'。

在这里，第一个和第二个结合，可推出“没有 a 是 c'”。它与第三个结合，可推出“没有 a 就是 d'”。它与第四个结合，可推出“没有 d'就是 e'”。它与第五个结合，可推出“所有 h 都是 d”。因此，如果最初的命题组都是真

的，那么最后这个命题也是真的。因此，最初的命题组加上这个最后的命题，就是一个连锁三段论。可见，最初命题组是它的前提；最后的命题“所有 h 都是 d”是它的结论；词项 a，b，c，都是删除项；词项 d 和 h 是它的保留项。所以，我们可以完整地写出：

没有 a 是 b'；
所有 b 都是 c；
所有 c 都是 d；
没有 e' 是 a'；
所有 h 都是 e'。
$\therefore$ 所有 h 都是 d。

上述连锁三段论里，三个部分结论为：没有 a 是 c'，没有 a 是 d'，没有 d' 是 c'。但是，如果按照别的方法重新排列前提，那么可能得到其他不同的部分结论。例如，按照 41523 的顺序，部分结论为：没有 c' 是 b'，所有 h 都是 b，所有 h 都是 c。这个连锁三段论共有 9 类各不相同的部分结论，读者若有兴趣，可以练习一下。]

第 2 章　连锁三段论的解法

第 1 节　导言

我们将要解决的题目具有如下形式：

给定作为前提的三个及以上的关系命题，要求确定，如果有结论，那么从该前提推出何种结论。

目前，我们将限制题目范围，即只考虑那些公式一可以解决的题目（见第 77 页）；其他公式可以解决的题目，对于初学者来说太难了。

解题方法有两种：

(1) 连续应用三段论的方法。

(2) 下画线的方法。

以下分别讨论。

第 2 节　三段论的解法

为了顺利解题，规则如下：

(1) 命名论域。

(2) 构造字典，使 a、b、c 和 d 代表词项或类。

(3) 将已知前提翻译为下标形式。

(4) 选择两个命题，用作三段论的前提，它们必须包含一对相同的类。

(5) 利用公式一，得出它们的结论。

(6) 再找到第三个前提，与这个结论一起，用作第二个三段论的前提。

(7) 利用公式一，得出第二个结论。

(8) 继续选择新的前提，直到使用了所有的前提。

(9) 最后结论就是连锁三段论的完整结论；再翻译为具体形式。

[例题，已知前提组如下：

(1) 所有巡警都和我们的厨师吃饭；

(2) 长头发的人没有不是诗人；

(3) 阿莫斯未曾入狱；

(4) 我们厨师的表亲们都爱吃羊肉；

(5) 只有巡警才是诗人；

(6) 只有她的表亲们才和我们的厨师吃饭；

(7) 所有短头发的人都曾入狱。

论域为人；a=阿莫斯；b=我们厨师的表亲；c=曾入狱的；d=长头发的；e=爱吃羊肉的；h=诗人；k=巡警；l=和我们的厨师吃饭的。

首先，将这些具体式命题翻译为抽象式：

(1) All k are l

(2) No d are h'

(3) All a are c'

(4) All b are e

(5) No k' are h

(6) No b' are l

(7) All d' are c

然后，这些抽象式再翻译为下标式：

(1) $k_1l'_0$

(2) dh'_0

(3) a_1c_0

(4) $b_1e'_0$

(5) $k'h_0$

(6) $b'l_0$

(7) $d'_1c'_0$

现在，我们必须找到一对能够推出结论的前提。我们从第（1）前提开始，然后往下看前提的清单，寻找另一个前提；这两个前提必须适用于图式一公式的条件。我们发现第（5）项适用，因为我们可以把 k 当作删除项。所以我们的第一个三段论是：

(1) $k_1l'_0$

(5) $k'h_0$

$\therefore l'h_0 \cdots (8)$

我们现在必须从 $l'h_0$开始，找到另一个配对的前提。我们发现第（2）项适用，h'是我们的删除项。所以我们的下一个三段论是：

（8）$l'h_0$

（2）dh'_0

$\therefore l'd_0 \cdots (9)$

我们现在已经用完了第（1）、（5）和（2）项，为了寻找 $l'd_0$的搭档，必须在其余前提里搜索。我们发现第（6）项适用。所以我们如下写出：

（9）$l'd_0$

（6）$b'l_0$

$\therefore db'_0 \cdots (10)$

现在我们可以用 db'_0做什么？第（4）项适用。

（10）db'_0

（4）$b_1e'_0$

$\therefore de'_0 \cdots (11)$

我们可以找到第（7）项，与（11）配对：

（11）de'_0

（7）$d'_1c'_0$

$\therefore c'e'_0 \cdots (12)$

我们可以找到第（3）项，与（12）配对：

（12）$c'e'_0$

（3）a_1c_0

$\therefore a_1e'_0$

所以，完整结论为 $a_1e'_0$，翻译为抽象式为

All *a* are *e*;

再翻译为具体式：

阿莫斯爱吃羊肉。

在实际解题过程中，当然会省略其中的解释文字。出现在纸面的内容如下所示：

（1）$k_1l'_0$

（2）dh'_0

(3) a_1c_0

(4) $b_1e'_0$

(5) $k'h_0$

(6) $b'l_0$

(7) $d'_1c'_0$

(1) $k_1l'_0$

(5) $k'h_0$

$\therefore l'h_0$… (8)

(8) $l'h_0$

(2) dh'_0

$\therefore l'd_0$… (9)

(9) $l'd_0$

(6) $b'l_0$

$\therefore db'_0$… (10)

(10) db'_0

(4) $b_1e'_0$

$\therefore de'_0$… (11)

(11) de'_0

(7) $d'_1c'_0$

$\therefore c'e'_0$… (12)

(12) $c'e'_0$

(3) a_1c_0

$\therefore a_1e'_0$

注意，在求解连锁三段论时，我们可以从任意前提开始。]

第3节　下画线的解法

观察前提对

$$xm_0 \dagger ym'_0$$

它们可以推出结论 xy_0。

我们看到，为了推出该结论，我们必须先删除 m 和 m'，再合并 x 和 y 成为一个表达式。

现在，如果我们明确标记已经删除的 m 和 m'，再合并阅读两个剩余部分，如同它们已经合二为一，那么它将准确表达该结论，而无须分开书写了①。

我们约定，使用下画线标记已经删除的字母，单下画线标记第一个字母，双下画线标记第二个字母。

这时两个前提变为

$$x\underline{m}_0 \dagger y\underline{\underline{m'}}_0$$

我们直接读作 xy_0。

采用下标法抄录前提组的时候，可以省略全部下标符号。关于下标“0”，我们可以认为它们一直在那里。关于下标“1”，在推理过程中，我们不想知道究竟哪个词项断定了存在性；但是最后的完整结论里的两个词项应该知道其存在性，此时，在原始前提组里很容易找到它们的存在性。

[我们再用第 2 节的例题，但采用下画线的方法，介绍解题过程。前提组是：

$$1k_1l'_0 \dagger 2dh'_0 \dagger 3a_1c_0 \dagger 4b_1e'_0 \dagger 5k'h_0 \dagger 6b'l_0 \dagger 7d'_1c'_0$$

读者最好准备一张白纸，自己写出解题步骤。第一行是上述前提组；第二行是解题步骤和结果。

我们先抄写第一个前提以及顺序号码，但省略其中的两个下标符号。

然后我们必须找到另一个前提，与其配对，它应该包含 k' 或者 l。我们首先发现第 5 项合适；抄写之前添加 † 。

为了从中推出结论，必须删除 k 和 k'，剩余部分合并为一个式子。所以，我们为了删除它们，在它们的下面分别写入下画线。所得结论为 $l'h$。

我们现在必须找到一个包含 l 或 h' 的前提。沿着这排前提组查看，我们选择第 2 项，然后抄写下来。

现在 3 个全称命题实际上相当于（$l'h \dagger dh'$），必须删除其中 h 和 h'，

① 实际上，删除该词项后，也同时删除了前提之间的合取符号，两个下标符号 0 也合并为一个 0。

剩余部分合并为一个公式。所以我们删除它们。所得结论为 $l'd$。

现在我们需要一个包含 l 或 d' 的前提。可见，第 6 项合适。

这 4 个全称命题实际上相当于 $(l'd \dagger b'l)$。所以我们删除 l' 和 l。所得结论为 db'。

我们现在想要一个包含 d' 或 b 的前提。可见，第 4 项合适。

这里我们删除 b' 和 b。所得结论为 de'。

我们现在想要一个包含 d' 或 e 的前提。第 7 项合适。

这里我们删除 d 和 d'。所得结论为 $c'e'$。

我们现在想要一个包含 c 或 e 的前提。第 3 项合适（事实上，我们必须这样做，因为它是唯一剩下的前提）。

这里我们删除 c' 和 c；而且，由于全部前提组的剩余部分为 $e'a$，因此所得最后结论为 $e'a_0$，在它之前，我们就可以添加"所以"符号 ¶。

现在，我们再观察一下原始的前提组，看看 e' 或 a 是否具有存在性（即具有下标符号"1"）。我们发现第 3 项中 a 具有下标符号"1"。所以我们在结论中依然保留这个事实，写作：¶ $e'a_0 \dagger a_1$，或者简写为：¶ $a_1e'_0$。总之，完整结论的抽象式为：所有 a 都是 e。

如果读者忠实地遵守了上述指示，则答案应该如下所示：

$$1k_1l'_0 \dagger 2dh'_0 \dagger 3a_1c_0 \dagger 4b_1e'_0 \dagger 5k'h_0 \dagger 6b'l_0 \dagger 7d'_1c'_0$$

$$\underline{1kl' \dagger 5k'h \dagger 2dh' \dagger 6b'l \dagger 4be' \dagger 7d'c' \dagger 3ac}$$

¶ $e'a_0 \dagger a_1$ i. e. ¶ $a_1e'_0$; i. e. "All a are e."

读者现在可以拿出第二张纸，抄写前提组，然后从其他前提开始，试着自己找出结论。

如果他不能得出完整结论 $a_1e'_0$，那么我建议他拿第三张纸，然后重新开始！]

下列连锁三段论含有五个前提，我将采用最简洁的格式求出结论，作为读者模仿的例题。

(1) 我非常珍惜所有那些约翰给我的事物；

(2) 只有这根骨头才是我的狗满意的；

(3) 我特别照顾所有那些我非常珍惜的事物；

（4）这根骨头是约翰给我的；

（5）所有那些我特别照顾的事物都是那些我不给我的狗的事物。

论域为事物；a=约翰给我的；b=我给我的狗的；c=我非常珍惜的；d=我的狗满意的；e=我特别照顾的；h=这根骨头。

$$1a_1c'_0 \dagger 2h'd_0 \dagger 3c_1e'_0 \dagger 4h_1a'_0 \dagger 5e_1b_0$$

$$\underline{1ac'} \dagger \underline{3ce'} \dagger \underline{4ha'} \dagger \underline{2h'}d \dagger \underline{5eb} \quad ¶ \quad db_0$$

即“所有那些我给我的狗的事物，都不是那些我的狗满意的事物”，或者“我的狗不满意于所有那些我给我的狗的事物”。

［注意，采用下画线的方法求解连锁三段论时，我们可以从任意前提开始。例如，我们可以从第 5 项开始，结果就是：

$$\underline{5eb} \dagger \underline{3ce' \dagger 1ac' \dagger 4ha' \dagger 2h'}d \quad ¶ \quad bd_0］$$

［习题 § 4，25-30（第 103 页）；§ 5，25-30（第 104 页）；§ 6，13-15（第 107 页）；§ 7，13-15（第 109 页）；§ 8，1-4，13，14，19，24（第 110-112 页）；§ 9，1-4，26，27，40，48（第 113，116，117，119，121）.］

试卷（17 份）

如果读者已经成功地解答了之前所有的课后练习题，而且像亚历山大大帝一样渴望“征服更多的世界”，那么他可以把余力用在下面的 17 份试卷上。建议每天练习不要超过一份试卷。试卷中的术语及其解释可以参考第 198 页的索引①。

Ⅰ. § 4，31（p. 103）；§ 5，31-34（p. 104-105）；§ 6，16，17（p. 107）；§ 7，16（p. 109）；§ 8，5，6（p. 111）；§ 9，5，22，42（pp. 113，116，120）. 什么是分类？什么是类？

Ⅱ. § 4，32（p. 103）；§ 5，35-38（pp. 105）；§ 6，18（p. 108）；§ 7，17，18（p. 109）；§ 8，7，8（p. 111）；§ 9，6，23（pp. 113，116）. 什么是属、种、种差？

① 本书第 8 篇的全部练习题里，其中一半是此前的课后练习题，另一半是这里的 17 份试卷的题目。

Ⅲ. § 4, 33 (p. 103); § 5, 39–42 (p. 105); § 6, 19, 20 (p. 108); § 7, 19 (p. 109); § 8, 9, 10 (p. 111); § 9, 7, 24, 43 (pp. 114, 116, 120). 什么是实类、虚类?

Ⅳ. § 4, 34 (p. 103); § 5, 43–46 (p. 105); § 6, 21 (p. 108); § 7, 20, 21 (p. 109); § 8, 11, 12 (p. 111); § 9, 8, 25, 44 (pp. 114, 116, 120). 什么是划分? 什么是子类?

Ⅴ. § 4, 35 (p. 103); § 5, 47–50 (p. 105); § 6, 22, 23 (p. 108); § 7, 22 (p. 109); § 8, 15, 16 (p. 111); § 9, 9, 28, 45 (pp. 114, 117, 121). 什么是二分法? 精确的划分标准是必要的吗?

Ⅵ. § 4, 36 (p. 103); § 5, 51–54 (p. 105); § 6, 24 (p. 108); § 7, 23, 24 (p. 109); § 8, 17 (p. 111); § 9, 10, 29, 46 (pp. 114, 117, 121). 什么是定义?

Ⅶ. § 4, 37 (p. 103); § 5, 55–58 (pp. 105, 104); § 6, 25, 26 (p. 108); § 7, 25 (p. 109); § 8, 18 (p. 111); § 9, 11, 30, 48 (pp. 114, 117, 122). 什么是命题的主项、谓项? 什么是命题的标准形式?

Ⅷ. § 4, 38 (p. 103); § 5, 59–62 (p. 105–106); § 6, 27 (p. 108); § 7, 26, 27 (p. 109); § 8, 20 (p. 111); § 9, 12, 31, 49 (pp. 114, 117, 122). 什么是 I 命题、E 命题、A 命题?

Ⅸ. § 4, 39 (p. 103); § 5, 63–66 (p. 106); § 6, 28, 29 (p. 108); § 7, 28 (p. 110); § 8, 21 (p. 111); § 9, 13, 32, 50 (pp. 114, 118, 122). 什么是存在命题的标准形式?

Ⅹ. § 4, 40 (p. 103); § 5, 67–70 (p. 106); § 6, 30 (p. 108); § 7, 29, 30 (p. 110); § 8, 22 (p. 112); § 9, 14, 33, 51 (pp. 115, 118, 122). 什么是论域?

Ⅺ. § 4, 41 (p. 103); § 5, 71–74 (p. 106); § 6, 31, 32 (p. 108); § 7, 31 (p. 110); § 8, 23 (p. 112); § 9, 15, 34, 52 (pp. 115, 118, 123). 在关系命题里, 其词项蕴含了真实性吗?

Ⅻ. § 4, 42 (p. 103); § 5, 75–78 (p. 106); § 6, 33 (p. 108); § 7, 32, 33 (pp. 110); § 8, 25 (p. 112); § 9, 16, 35, 53 (pp. 115, 118, 123). 解释词语 "骑墙的"。

ⅩⅢ. § 5, 79–83 (p. 106); § 6, 34, 35 (p. 108); § 7, 34 (p. 110); §

8，26（p. 111）；§ 9，17，36，54（pp. 115，118，123）. 什么是换位命题？

XIV. § 5，84-88（p. 106）；§ 6，36（p. 107）；§ 7，35，36（p. 110）；§ 8，27（p. 112）；§ 9，18，37，55（pp. 115，119，108）. 什么是具体命题、抽象命题？

XV. § 5，89-93（p. 106-107）；§ 6，37，38（p. 108）；§ 7，37（p. 110）；§ 8，28（p. 112）；§ 9，19，38，56（pp. 115，119，124）. 什么是三段论？什么是其前提、结论？

XVI. § 5，94-97（p. 107）；§ 6，39（p. 108）；§ 7，38，39（p. 110）；§ 8，29（p. 112）；§ 9，20，39，57（pp. 115，119，124）. 什么是连锁三段论？什么是其前提、部分结论、完整结论？

XVII. § 5，98-100（p. 107）；§ 6，40（p. 108）；§ 7，40（p. 110）；§ 8，30（p. 112）；§ 9，21，41，59，59（pp. 116，120，125）. What are the ‘Universe of Discourse’，the ‘Eliminands’，and the ‘Retinends’，of a Syllogism? And of a Sorites? 在三段论和连锁三段论里，什么是论域、删除项、保留项？

第八篇　习题、答案、解法

第 1 章　习题

第 1 节　关系命题翻译为标准形式

1. 我出去散步了。
2. 我感觉好多了。
3. 只有约翰才读过这封信。
4. 你和我都不老。
5. 没有肥胖动物跑得快。
6. 只有英雄才配美人。
7. 如果一个人不是脸色苍白的，那么他不是诗人。
8. 有些法官坏脾气。
9. 我从不忽视重要的生意。
10. 难事需要努力。
11. 不健康的东西都应该避免。
12. 所有上周通过的法律都与消费税有关。
13. 逻辑知识迷惑我。
14. 房子里没有犹太人。
15. 如果未煮熟，有些菜是不卫生的。
16. 乏味的书使人昏昏欲睡。
17. 当一个人自知时，那么他是一个敏锐的人。
18. 你和我都是自知的。
19. 有些秃顶的人戴假发。
20. 那些忙忙碌碌的人从不抱怨。
21. 如果谜语能解开，它们就不吸引我了。

［答案 126 页；解法 135–137 页］

第 2 节　在三元图上，画出二元命题的图形①

1. No x are m;
   No m' are y.
2. No x' are m';
   All m' are y.
3. Some x' are m;
   No m are y.
4. All m are x;
   All m' are y'.
5. All m' are x;
   All m' are y'.
6. All x' are m';
   No y' are m.
7. All x are m;
   All y' are m'.
8. Some m' are x';
   No m are y.
9. All m are x';
   No m are y.
10. No m are x';
    No y are m'.
11. No x' are m';
    No m are y.
12. Some x are m;
    All y' are m.
13. All x' are m;
    No m are y.
14. Some x are m';
    All m are y.
15. No m' are x';
    All y are m.
16. All x are m';
    No y are m.
17. Some m' are x;
    No m' are y'.
18. All x are m';
    Some m' are y'.
19. All m are x;
    Some m are y'.
20. No x' are m;
    Some y are m.
21. Some x' are m';
    All y' are m.
22. No m are x;
    Some m are y.
23. No m' are x;
    All y are m'.
24. All m are x;
    No y' are m'.
25. Some m are x;
    No y' are m.
26. All m' are x';
    Some y are m'.
27. Some m are x';
    No y' are m'.
28. No x are m';
    All m are y'.
29. No x' are m;
    No m are y'.
30. No x are m;
    Some y' are m'.
31. Some m' are x;
    All y' are m;
32. All x are m';
    All y are m.

[答案见 127 页。]

① 抽象形式的命题共有三种：(1) All x are y：所有 x 都是 y。(2) No x is y：没有 x 是 y。(3) Some x are y：有些 x 是 y。第 2 节、第 4 节、第 6 节、第 8 节的习题，都是抽象形式的命题。沿用了英语句子，未翻译为汉语。

第 3 节　在三元图上，读出二元命题的形式

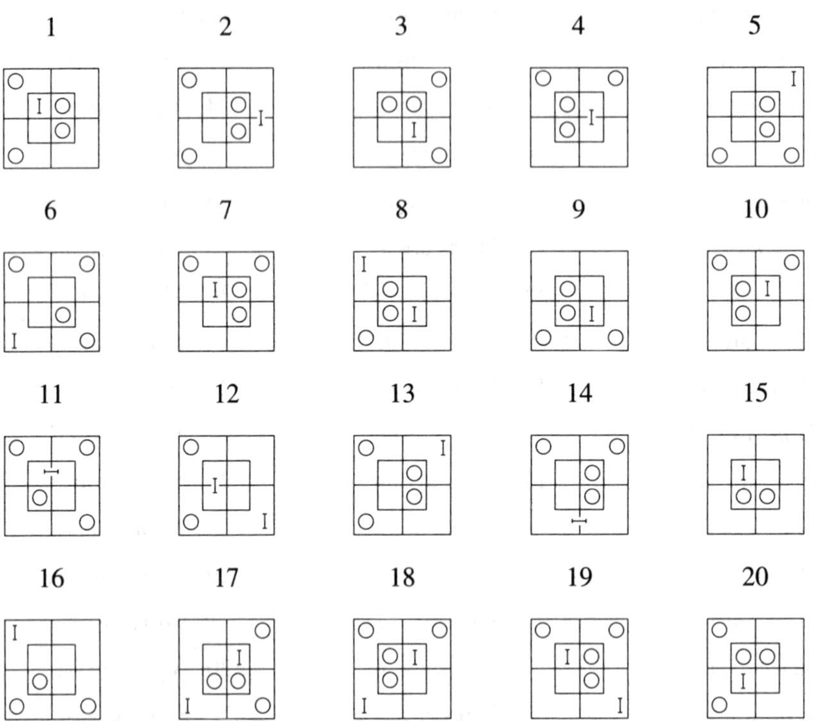

[答案见 127 页、128 页。]

第 4 节　前提为抽象式命题，求出结论

1. No m are x';
   All m' are y.
2. No m' are x;
   Some m' are y'.
3. All m' are x;
   All m' are y'.
4. No x' are m';
   All y' are m.
5. Some m are x';
   No y are m.
6. No x' are m;
   No m are y.
7. No m are x';
   Some y' are m.
8. All m' are x';
   No m' are y.
9. Some x' are m';
   No m are y'.
10. All x are m;
    All y' are m'.
11. No m are x;

All y' are m'.

12. No x are m;
All y are m.

13. All m' are x;
No y are m.

14. All m are x;
All m' are y.

15. No x are m;
No m' are y.

16. All x are m';
All y are m.

17. No x are m;
All m' are y.

18. No x are m';
No m are y.

19. All m are x;
All m are y'.

20. No m are x;
All m' are y.

21. All x are m;
Some m' are y.

22. Some x are m;
All y are m.

23. All m are x;
Some y are m.

24. No x are m;
All y are m.

25. Some m are x';
All y' are m'.

26. No m are x';
All y are m.

27. All x are m';
All y' are m.

28. All m are x';
Some m are y.

29. No m are x;
All y are m'.

30. All x are m';
Some y are m.

31. All x are m;
All y are m.

32. No x are m';
All m are y.

33. No m are x;
No m are y.

34. No m are x';
Some y are m.

35. No m are x;
All y are m.

36. All m are x';
Some y are m.

37. All m are x;
No y are m.

38. No m are x;
No m' are y.

39. Some m are x';
No m are y.

40. No x' are m;
All y' are m.

41. All x are m';
No y are m'.

42. No m' are x;
No y are m.

[答案见 128–129 页。]

第 5 节　前提为具体式命题，求出结论

1. 我出去散步了；我感觉好多了。
2. 只有约翰读了这封信；所有未读这封信的人都不知道它说的事儿。
3. 那些不老的都喜欢散步；我和你都是年轻的。
4. 你的建议都是诚实的；你的建议都是最好的策略。
5. 没有肥胖的动物跑得快；有些猎犬跑得快。
6. 有些匹配美人的人如愿以偿；只有英雄才匹配美人。

7. 有些犹太人是富人；所有埃斯基摩人都是非犹太人。
8. 所有糖果都是甜的；有些甜的事物是孩子们喜欢的。
9. 约翰是在家里的；每个在家里的人都是病人。
10. 雨伞都是旅途中有用的；旅途中无用的都不应携带。
11. 听得见的音乐引起空气振动；听不见的音乐不值得花钱。
12. 有些假期是下雨的；下雨的日期都是无聊的。
13. 没有法国人喜欢葡萄干布丁；所有英国人都喜欢葡萄干布丁。
14. 没有傻笑皱眉的肖像是令人满意的；没有照片不是傻笑皱眉的肖像。
15. 所有苍白的人都是冷漠的；没有诗人不是苍白的。
16. 没有守财奴是快乐的；有些守财奴是瘦弱的。
17. 没有自律的人不是好脾气的；有些法官不是好脾气的。
18. 所有猪都是肥胖的；那些吃大麦粥的都不是肥胖的。
19. 所有不贪吃的兔子都是黑色的；没有老年的兔子是不贪吃的。
20. 有些照片不是首次尝试的；没有首次尝试是很好的。
21. 我从不忽视那些重要的生意；你的生意是不重要的。
22. 有些课程是困难的；困难的事物都需要注意。
23. 所有聪明的人都是受欢迎的；所有热情的人都是受欢迎的。
24. 粗心的人招灾惹祸；细心的人不忘承诺。
25. 猪都不能飞；猪都是贪婪的。
26. 所有士兵步伐整齐；有些婴儿不是士兵。
27. 没有婚礼蛋糕是有益健康的；无益健康的事物应该避免。
28. 约翰很勤奋；没有勤奋的人是不快乐的。
29. 哲学家都是不自负的；有些自负的人不是赌徒。
30. 有些消费税法律是不公正的；所有上周通过的法律都是消费税的法律。
31. 没有军人写诗；我的房客都不是平民。
32. 没有药物是美味；塞纳（轻泻剂）是一种药物。
33. 有些广告是招人烦的；所有捐款信都是招人烦的。
34. 所有英国人都是勇敢的；没有水手是胆小鬼。
35. 没有智力题能迷惑我；逻辑学能迷惑我。
36. 有些猪是野生的；所有猪都很胖。
37. 所有黄蜂都是不友好的；所有不友好的生物都是不受欢迎的。

38. 没有老兔子是贪婪的；所有黑兔子都是贪婪的。
39. 有些鸡蛋是煮硬的；没有鸡蛋是不易碎的。
40. 没有羚羊是不优雅的；优雅的生物赏心悦目。
41. 所有食物充足的金丝雀都会大声歌唱；如果金丝雀大声歌唱，它就不是忧郁的。
42. 有些诗歌是原创的；没有原创作品是随便创作的。
43. 没有已知国家是遍地恐龙的；未知国家都令人着迷。
44. 没有煤炭是白色的；没有黑人是白色的。
45. 没有大桥是糖做的；有些大桥风景如画。
46. 没有孩子是有耐心的；没有耐心的人都不能安静地坐着。
47. 没有四足动物会吹口哨；有些猫是四足动物。
48. 无聊是可怕的；你是无聊的。
49. 有些牡蛎是沉默的；没有沉默的生物是有趣的。
50. 房子里没有犹太人；非犹太人都没人留一码长的胡子。
51. 不能高声歌唱的金丝雀都是不快乐的；没有充足食物的金丝雀不能高声歌唱。
52. 所有我的姐妹都感冒了；感冒的人都不会唱歌。
53. 所有黄金制成的东西都是珍贵的；有些棺材是珍贵的。
54. 有些面包是油腻的；所有面包都是好吃的。
55. 我的所有表亲都是不公正的；所有法官都是公正的。
56. 头痛是烦人的；没有头痛是人们渴望的。
57. 所有药物都是危险的；塞纳是一种药。
58. 有些非善意的言论是烦人的；没有批评的言论是善意的。
59. 没有高大男人有胎毛；黑人有胎毛。
60. 所有哲学家都是合乎常理的；不合常理的人总是固执的。
61. 约翰是勤奋的；所有勤奋的人都是幸福的。
62. 这桌的菜都是煮熟的；有些未煮熟的菜是不卫生的。
63. 有趣的书都不适合发烧病人；无趣的书使人昏昏欲睡。
64. 没有猪会飞；所有猪都是贪婪的。
65. 当一个人知道自己想要的，他就能发现骗子；你和我都知道自己想要的。
66. 有些梦是可怕的；没有羊羔是可怕的。

67. 没有秃头生物需要梳子；蜥蜴都没有毛。
68. 所有争论都是喧闹的；不喧闹的都无人关注。
69. 我的表亲们都是不公正的；没有法官是不公正的。
70. 所有鸡蛋都易碎；有些鸡蛋是煮熟的。
71. 有偏见的人都是不值得信任的；有些没有偏见的人是不受欢迎的。
72. 没有独裁者是受欢迎的；她是独裁者。
73. 有些秃顶的人（无头发）戴假发；所有儿童都有头发。
74. 没有龙虾是不昂贵的；没有昂贵的生物追求不可能的事。
75. 没有噩梦是令人愉快的；令人不愉快的经历都不是人们渴望的。
76. 没有蛋糕是有益健康的；有些有益健康的事物是美味。
77. 没有美味的事物需要回避；有些果酱是美味的。
78. 所有鸭子都摇摇晃晃；没有摇摇晃晃的事物是优雅的。
79. 三明治都是可口的；这盘菜不是不可口的。
80. 没有富裕的人在街上乞讨；这些不富裕的人应该记账。
81. 蜘蛛都织网；有些不织网的生物是野蛮的。
82. 这里的有些商店是不拥挤的；没有拥挤的商店是舒适的。
83. 谨慎的旅行者携带大量零钱；不谨慎的旅行者都会丢失行李。
84. 有些天竺葵是红色的；所有这些花都是红色的。
85. 我的表亲都不是公正的；所有的法官都是公正的。
86. 没有犹太人是疯子；我的所有房客都是犹太人。
87. 忙碌的人都不是经常谈论他们的委屈；不知足的人经常谈论他们的委屈。
88. 所有戒酒者都喜欢吃糖；没有夜莺喝酒。
89. 如果谜语能解开，它就不吸引我；所有这些谜题都是无法解答的。
90. 所有明确的解释都是令人满意的；有些借口不是令人满意的。
91. 所有老太太都是健谈的；所有温柔女士都是健谈的。
92. 没有善意的行为是违法的；合法的都不用顾忌。
93. 没有儿童是好学的；没有儿童是提琴家。
94. 所有先令硬币都是圆的；所有这些硬币都是圆的。
95. 没有诚实的人骗人；没有不诚实的人是可信的。
96. 我的儿子们都不聪明；我的女儿们都不贪婪。
97. 所有笑话都是为了娱乐；议会法案都不是笑话。

98. 没有惊险旅行是应该遗忘的；不惊险旅行都不值得书写。
99. 我的儿子们都不听话；我的女儿们都不知足。
100. 没有意外惊喜招我烦；你的来访是意外惊喜。

[答案见 129-131 页。]

第 6 节　三段论为抽象式，判定有效性

1. Some x are m;　No m are y'.　Some x are y.
2. All x are m;　No y are m'.　No y are x'.
3. Some x are m';　All y' are m.　Some x are y.
4. All x are m;　No y are m.　All x are y'.
5. Some m' are x';　No m' are y.　Some x' are y'.
6. No x' are m;　All y are m'.　All y are x'.
7. Some m' are x';　All y' are m'.　Some x' are y'.
8. No m' are x';　All y' are m'.　All y' are x.
9. Some m are x';　No m are y.　Some x' are y'.
10. All m' are x';　All m' are y.　Some y are x'.
11. All x are m';　Some y are m.　Some y are x'.
12. No x are m;　No m' are y'.　No x are y'.
13. No x are m;　All y' are m.　All y' are x'.
14. All m' are x';　All m' are y.　Some y are x'.
15. Some m are x';　All y are m'.　Some x' are y'.
16. No x' are m;　All y' are m'.　Some y' are x.
17. No m' are x;　All m' are y'.　Some x' are y'.
18. No x' are m;　Some m are y.　Some x are y.
19. Some m are x;　All m are y.　Some y are x'.
20. No x' are m';　Some m' are y'.　Some x are y'.
21. No m are x;　All m are y'.　Some x' are y'.
22. All x' are m;　Some y are m'.　All x' are y'.
23. All m are x;　No m' are y'.　No x' are y'.
24. All x are m';　All m' are y.　All x are y.

25. No x are m';	All m are y.	No x are y'.
26. All m are x';	All y are m.	All y are x'.
27. All x are m;	No m are y'.	All x are y.
28. All x are m;	No y' are m'.	All x are y.
29. No x' are m;	No m' are y'.	No x' are y'.
30. All x are m;	All m are y'.	All x are y'.
31. All x' are m';	No y' are m'.	All x' are y.
32. No x are m;	No y' are m'.	No x are y'.
33. All m are x';	All y' are m.	All y' are x'.
34. All x are m';	Some y are m'.	Some y are x.
35. Some x are m;	All m are y.	Some x are y.
36. All m are x';	All y are m.	All y are x'.
37. No m are x';	All m are y'.	Some x are y'.
38. No x are m;	No m are y'.	No x are y'.
39. No m are x;	Some m are y'.	Some x' are y'.
40. No m are x';	Some y are m.	Some x are y.

[答案见 131-132 页。]

第 7 节　三段论为具体式，判定有效性

1. 没有医生是热情的；你是热情的。你不是医生。
2. 字典都是有用的；有用的书都是高价的。字典都是高价的。
3. 没有守财奴是无私的；只有守财奴才保存蛋壳。没有无私的人保存蛋壳。
4. 有些美食家是不大方的；我的叔叔都是大方的。我的叔叔都不是美食家。
5. 黄金都是沉重的；只有黄金才能使他安静。所有轻飘的事物都不能使他安静。
6. 有些健康的人是肥胖的；不健康的人都不是强壮的。有些肥胖的人不是强壮的。
7. 我读过的都在报纸上；所有报纸都是谎言。它们是谎言。
8. 有些领带不是艺术品；我欣赏所有的艺术品。有些领带是我不欣赏的。
9. 他的歌曲不是连续一小时的；连续一小时的歌曲是乏味的。他的歌曲不是

乏味的。

10. 有些蜡烛发光很少；蜡烛都发光。有些事物是发光的但它发光很少。
11. 所有渴望学习的人都努力工作；这班男孩里有些人努力工作。这班男孩里有些人渴望学习。
12. 狮子都是凶猛的；有些狮子不喝咖啡。有些喝咖啡的动物并不凶猛。
13. 守财奴都不大方；有些老人是不大方的。有些老人是守财奴。
14. 没有化石可以在爱情中交配；牡蛎可以在爱情中交配。牡蛎不是化石。
15. 所有未受过教育的人都是肤浅的；学生都受过教育。没有学生是肤浅的。
16. 所有小羊都跳跃；如果小动物不跳跃，那么它们不是健康的。所有小羊都是健康的。
17. 经营不善都是无利可图的；铁路公司都不是管理不善的。所有铁路公司都是有利可图的。
18. 没有教授是无知的；所有无知的人都是虚荣的。没有教授是虚荣的。
19. 谨慎的人都躲开鬣狗；没有银行家是轻率的。没有银行家不躲开鬣狗。
20. 所有黄蜂都不友好；没有小狗是不友好的。没有小狗是黄蜂。
21. 没有犹太人是诚实的；有些非犹太人是富有的。有些富人不诚实。
22. 没有懒惰的人能赢得名声；有些画家是不懒惰的。有些画家能赢得名声。
23. 没有猴子是士兵；所有猴子都淘气。有些淘气的动物不是士兵。
24. 所有这些糖果都是奶油巧克力；这些糖果都是可口的。奶油巧克力都是可口的。
25. 没有松饼是有益健康的；所有面包都无益健康。面包都不是松饼。
26. 有些未授权的报告是虚假的；所有已授权的报告都是可信的。有些虚假报告是不可信的。
27. 有些枕头是柔软的；没有扑克是柔软的。有些扑克不是枕头。
28. 不可能发生的故事都是不容易相信的；他的故事都是不可能发生的。他的故事都不是容易相信的。
29. 没有小偷是诚实的；有些不诚实的人被发现了。有些小偷被发现了。
30. 没有松饼是有益健康的；所有松软的食物都无益健康。所有松饼都是松软的。
31. 孔雀以外的鸟都是不炫耀尾巴的；有些炫耀尾巴的鸟不会唱歌。有些孔雀不会唱歌。

32. 热敷都是止痛的；不止痛的都不是对牙痛有用的。热敷是对牙痛有用的。
33. 没有破产者是富人；有些商人不是破产者。有些商人是富人。
34. 啰唆的人都是可怕的；没有啰唆的人是被人喜欢的。没有可怕的人是被人喜欢的。
35. 所有聪明的人都是用脚走路；所有不聪明的人都是用手走路。没有人手脚并用走路。
36. 没有手推车是舒适的；没有不舒适的车辆是受欢迎的。没有手推车是受欢迎的。
37. 没有青蛙是浪漫的；有些鸭子不浪漫。有些鸭子不是青蛙。
38. 没有皇帝是牙医；所有牙医都是孩子害怕的。没有皇帝是孩子害怕的。
39. 糖都是甜的；盐都不是甜的。盐都不是糖。
40. 每只鹰都会飞；有些猪不会飞。有些猪不是鹰。

[答案见 132-133 页。]

第 8 节　连锁三段论为抽象式，求出结论

[注意：在第 8 节和第 9 节的习题中，可以随意地从任何一个前提开始，从而得到几种不同的解题过程（当然，最后结论都是一样的）。因此第 8 节中实际上包含了 129 个，第 9 节包含了 273 个不同的习题。]

1.

1. No c are d;
2. All a are d;
3. All b are c.

2.

1. All d are b;
2. No a are c';
3. No b are c.

3.

1. No b are a;
2. No c are d';
3. All d are b.

4.

1. No b are c;
2. All a are b;
3. No c' are d.

5.

1. All b' are a';
2. No b are c;
3. No a' are d.

6.

1. All a are b';
2. No b' are c;
3. All d are a.

7.

1. No d are b';
2. All b are a;
3. No c are d'.

8.

1. No b' are d;
2. No a' are b;
3. All c are d.

9.

1. All b' are a;
2. No a are d;
3. All b are c.

10.

1. No c are d;
2. All b are c;
3. No a are d'.

11.

1. No b are c;
2. All d are a;
3. All c' are a'.

12.

1. No c are b';
2. All c' are d';
3. All b are a.

13.

1. All d are e;
2. All c are a;
3. No b are d';
4. All e are a'.

14.

1. All e are b;
2. All a are e;
3. All d are b';
4. All a' are c;

15.

1. No b' are d;
2. All e are c;
3. All b are a;
4. All d' are c'.

16.

1. No a' are e;
2. All d are c';
3. All a are b;
4. All e' are d.

17.

1. All d are c;
2. All a are e;
3. No b are d';
4. All c are e'.

18.

1. All a are b;
2. All d are e;
3. All a' are c';
4. No b are e.

19.

1. No b are c;
2. All e are h;
3. All a are b;
4. No d are h;
5. All e' are c.

20.

1. No d are h';
2. No c are e;
3. All h are b;
4. No a are d';
5. No b are e'.

21.

1. All b are a;
2. No d are h;
3. No c are e;
4. No a are h';
5. All c' are b.

22.

1. All e are d';
2. No b' are h';
3. All c' are d;
4. All a are e;
5. No c are h.

23.

1. All b' are a';
2. No d are e';
3. All h are b';
4. No c are e;
5. All d' are a.

24.

1. All h' are k';
2. No b' are a;
3. All c are d;
4. All e are h';
5. No d are k';
6. No b are c'.

25.

1. All a are d;
2. All k are b;
3. All e are h;
4. No a' are b;
5. All d are c;
6. All h are k.

26.

1. All a' are h;
2. No d' are k';
3. All e are b';
4. No h are k;
5. All a are e;
6. No b' are d.

27.

1. All c are d';
2. No h are b;
3. All a' are k;
4. No c are e';
5. All b' are d;
6. No a are c'.

28.

1. No a' are k;
2. All e are b;
3. No h are ;
4. No d' are c;
5. No a are b;
6. All c' are h.

29.

1. No e are k;
2. No b' are m;
3. No a are c';
4. All h' are e;
5. All d are k;
6. No c are b;
7. All d' are l;
8. No h are m'.

30.

1. All n are m;
2. All a' are e;
3. No c' are l;
4. All k are r';
5. No a are ;
6. No d are l';
7. No c are ;
8. All e are b;
9. All m are r;
10. All h are d.

[答案见 133 页，解法见 156–158 页。]

第 9 节　连锁三段论的具体式，求出结论

1. （1）婴儿都是不合逻辑的；

（2）训练鳄鱼的人都不是被鄙视的；

（3）不合逻辑的人都是被鄙视的。

论域为“人”；a = 训练鳄鱼的；b = 婴儿；c = 被鄙视的；d = 符合逻辑的。

2. （1）我的平底锅是那些镀锡的事物；

（2）我觉得你的所有礼物都有用；

（3）我的平底锅都没用。

论域为“我的事物”；a = 镀锡的；b = 我的平底锅；c = 有用的；d = 你的礼物。

3. （1）新鲜的土豆都没有煮熟；

（2）这盘土豆都是可吃的；

（3）未煮熟的土豆都不是可吃的。

论域为“我的土豆”；a = 煮熟的；b = 可吃的；c = 这盘的；d = 新鲜的。

4. （1）厨房里没有犹太人；

（2）非犹太人都不说“耳勺”（shpoonj）；

（3）我的仆人都是在厨房里的。

论域为“人”；a = 在厨房里的；b = 犹太人；c = 我的仆人；d = 说“耳勺”的。

5. （1）没有鸭子爱跳舞；

（2）没有警察不爱跳舞；

（3）我的家禽都是鸭子。

论域为“生物”；a = 鸭子；b = 我的家禽；c = 警察；d = 爱跳舞的。

6. （1）每个理智的人都懂逻辑；

（2）没有疯子是陪审员；

（3）你的儿子都不懂逻辑。

论域为“人”；a = 懂逻辑的；b = 陪审员；c = 理智的；d = 你的儿子们。

7. （1）这盒里没有我的铅笔；

(2) 我的糖果都不是雪茄；

(3) 这盒外的东西都是雪茄。

论域为“我的东西”；a=雪茄；b=这盒里的；c=铅笔；d=糖果。

8. (1) 有经验的人都不是不称职的；

(2) 詹金斯是浮躁的；

(3) 称职的人都不是浮躁的。

论域为“人”；a=浮躁的；b=称职的；c=有经验的；d=詹金斯。

9. (1) 没有小猎犬漫游天空；

(2) 不漫游天空的事物都不是彗星；

(3) 只有小猎犬才是卷尾巴的。

论域为“事物”；a=彗星；b=卷尾巴的；c=小猎犬；d=漫游天空的。

10. (1) 若一个人未受过良好教育，则他不接受《纽约时报》；

(2) 刺猬都不能识字；

(3) 不能识字的人都是未受过良好教育的。

论域为“生物”；a=能识字的；b=刺猬；c=接受《纽约时报》的；d=受过良好教育的。

11. (1) 所有布丁都是美味的；

(2) 这盘里的都是布丁；

(3) 美味的食品都不是有益健康的。

论域为“食品”；a=美味的；b=布丁；c=这盘里的；d=有益健康的。

12. (1) 我的园丁是熟悉军事话题的人；

(2) 如果一个人不是非常老，那么他不能记住滑铁卢战役；

(3) 如果一个人不能记住滑铁卢战役时，那么他不是熟悉军事话题的人。

论域为“人”；a=能够记住滑铁卢战役的；b=我的园丁；c=熟悉军事话题的；d=非常老的。

13. (1) 所有蜂鸟都是色彩丰富的；

(2) 大型鸟都不吃花蜜；

(3) 不吃花蜜的鸟都是色彩单调的。

论域为“鸟”；a=蜂鸟；b=大型的；c=吃花蜜的；d=色彩丰富的。

14. (1) 非犹太人都没有鹰钩鼻；

（2）砍价高手都能赚钱；

（3）犹太人都不是砍价新手。

论域为“人”；a=砍价高手；b=鹰钩鼻的；c=犹太人；d=赚钱的。

15.（1）所有标签“B”的鸭子都属于邦德夫人；

（2）如果鸭子没有标签“B”，那么它们不是白脖圈的；

（3）邦德夫人没有灰色的鸭子。

论域为“这村的鸭子”；a=属于邦德夫人的；b=标签“B”的；c=灰色的；d=白脖圈的。

16.（1）这个柜子里所有旧东西都开裂了；

（2）这个柜子里的大罐子都不是新的；

（3）这个柜子里开裂的东西都不能保持水分。

论域为“这个柜子里的东西”；a=能保持水分的；b=开裂的；c=大罐子；d=旧的。

17.（1）所有未成熟的果实都是无益健康的；

（2）所有这筐苹果都是有益健康的；

（3）背阴处生长的水果都不是成熟的。

论域为“水果”；a=背阴处生长的；b=成熟的；c=这筐苹果；d=有益健康的。

18.（1）不喜欢趴着的小狗都是感谢送来跳绳的小狗；

（2）如果你送给瘸腿小狗跳绳，它都不会说“谢谢”。

（3）只有瘸腿小狗才专心织毛衣。

论域为“小狗”；a=专心织毛衣的；b=感谢送来跳绳的；c=瘸腿的；d=喜欢趴着的。

19.（1）列表中的名字都不适合武侠；

（2）元音开头的名字都是悦耳的；

（3）如果名字是辅音开头的，那么它不适合武侠。

论域为“名字”；a=元音开头的；b=列表中的；c=悦耳的；d=适合武侠的。

20.（1）所有下议院议员都是完美自律的；

（2）戴假发的议员都不参加赛驴会；

（3）上议院的所有议员都戴假发。

论域为“全体议员”；a=下议院的；b=完美自律的；c=参加赛驴会的；d=戴假发的。

21.（1）已购买并已付款的商品都不是正在出售的；

（2）标记“已售出”以外的商品都不允许带走；

（3）已购买并付款以外的商品都不是标记“已售出”的。

论域为“本店商品”；a=允许带走的；b=已购买并已付款的；c=标记“已售出”的；d=正在出售的。

22.（1）节目单以外的杂技都不是新颖的；

（2）如果杂技是四空翻的，那么它是不可能的；

（3）不可能的杂技都不是节目单上的。

论域为“马戏团的杂技”；a=节目单上的；b=新颖的；c=四空翻的；d=可能的。

23.（1）真正欣赏贝多芬的都不能在聆听月光奏鸣曲时不保持安静；

（2）豚鼠对音乐一无所知；

（3）对音乐一无所知的都不能在聆听月光奏鸣曲时保持安静。

论域为“动物”；a=豚鼠；b=对音乐一无所知的；c=在聆听月光奏鸣曲时能保持安静的；d=真正欣赏贝多芬的。

24.（1）鲜艳的花朵都是有香味的；

（2）我不喜欢那些不是露天生长的花朵；

（3）露天生长的花朵都不是不鲜艳的。

论域为“花朵”；a=鲜艳的；b=露天生长的；c=我喜欢的；d=有香味的。

25.（1）花言巧语的都自私自利；

（2）见多识广的都不是坏朋友；

（3）自私自利的都不是好朋友。

论域为“人”；a=好朋友；b=见多识广的；c=花言巧语的；d=自私自利的。

26.（1）12 岁以下的男生不得作为住校生进入学校；

（2）所有勤奋的男生都有红头发；

（3）走读生都不学希腊语；

（4）只有 12 岁以下的男生才是懒惰的。

论域为“学校男生”；a=住校生；b=勤奋的；c=学习希腊语的；d=红头发的；e=12 岁以下的。

27. (1) 我的医生只允许我吃的食品都是不太油腻的；
(2) 我喜欢的食品都不是不适合晚餐的；
(3) 婚礼蛋糕都是太油腻的；
(4) 我的医生允许我吃所有那些适合晚餐的食品。

论域为“食品”；a=我喜欢的；b=我的医生允许我吃的；c=适合晚餐的；d=太油腻的；e=婚礼蛋糕。

28. (1) 我们辩论社团的讨论都不可能唤醒英国雄狮，如果噪音过大时都制止它们；
(2) 不明智进行的讨论会危及我们辩论社团的和平；
(3) 汤姆金斯担任主席时正在进行的讨论可能会唤醒英国雄狮；
(4) 在我们辩论社团讨论时，如果它们进行得明智，那么噪音过大时都制止它们。

论域为“辩论社团的讨论”；a=噪音过大时受到制止的；b=对我们辩论社团的和平来说有危险的；c=汤姆金斯担任主席时正在进行的；d=可能会唤醒英国雄狮的；e=明智进行的。

29. (1) 我的儿子们都是苗条的；
(2) 不锻炼的孩子都不是健康的；
(3) 所有贪吃的孩子都是肥胖的；
(4) 我的女儿们都不锻炼。

论域为“我的孩子们”；a=肥胖的；b=贪吃的；c=健康的；d=儿子们；e=锻炼的。

30. (1) 街上出售的事物都不是非常珍贵的；
(2) 只有垃圾才是值得歌颂的；
(3) 海雀蛋都是非常珍贵的；
(4) 真正的垃圾都是街上出售的。

论域为“事物”；a=值得歌颂的；b=海雀蛋；c=垃圾；d=街上出售的；e=非常珍贵的。

31. (1) 前厅以外的书都没有金边；
(2) 所有正版书都有红标签；

(3) 所有红标签的书都是 5 先令以上的；

(4) 只有正版书才摆放在前厅。

论域为“这里卖的书”；a=正版的；b=有金边的；c=红标签的；d=前厅的；e=5 先令以上的。

32. (1) 不能治疗出血的方法都是可笑的；

(2) 金盏花酊剂是不可忽视的；

(3) 能治疗出血的方法都是手指受伤时有用的；

(4) 所有可笑的出血疗法都是可以忽视的。

论域为“出血疗法”；a=能够治疗出血的；b=可忽视的；c=可笑的；d=金盏花酊剂；e=手指受伤时有用的。

33. (1) 在航海遇到的事物里，我未看见的事物都不是美人鱼；

(2) 在旅途中，航海日志中的都是值得回忆的；

(3) 在旅途中，我从未遇到过那些值得回忆的事物；

(4) 在旅途中，我看见的事物都在航海日志中。

论域为“航海遇到的事物”；a=航海日志中的；b=美人鱼；c=我遇到的；d=我看见的；e=值得回忆的。

34. (1) 这个图书馆的书，我不推荐阅读的都是情调不健康的；

(2) 精装书都写得很好；

(3) 所有浪漫故事都是情调健康的；

(4) 我不推荐阅读那些非精装书。

论域为“这个图书馆的书”；a=精装的；b=情调健康的；c=我推荐阅读的；d=浪漫故事；e=写得很好的。

35. (1) 鸵鸟以外的鸟都不是高于 3 米的；

(2) 只有我养的鸟才是这个鸟场的；

(3) 没有鸵鸟是吃肉饼的；

(4) 我没养那些低于 3 米的鸟。

论域为“鸟类”；a=这个鸟场的；b=吃肉饼的；c=我养的；d=高于 3 米的；e=鸵鸟。

36. (1) 不是非常坚硬的葡萄干布丁都是糊状的；

(2) 我桌上的葡萄干布丁都是在笼屉布中蒸熟的；

(3) 糊状的葡萄干布丁都是与汤相同的；

(4) 我桌上以外的布丁都不是非常坚硬的。

论域为“葡萄干布丁”；a=在笼屉布中蒸熟的；b=与汤不同的；c=糊状的；d=非常坚硬的；e=我桌子上的。

37. (1) 在真正有品位的人中，有趣的诗歌都不是不流行的；

(2) 现代诗歌都不是不矫揉造作的；

(3) 所有你写的诗歌都是泡沫主题；

(4) 在真正有品位的人中，做作的诗歌都不是流行的；

(5) 古代的诗歌都不是泡沫主题。

论域为“诗歌”；a=做作的；b=古代的；c=有趣的；d=泡沫主题的；e=在真正有品位的人中流行的；h=你写的。

38. (1) 本次展会上，未获奖的所有水果都是委员会财产；

(2) 我的桃子都没有获奖；

(3) 晚上出售的水果都是没有成熟的；

(4) 任何成熟的水果都不是温室中生长的；

(5) 所有委员会的水果都是晚上出售的。

论域为“本次展会上的水果”；a=委员会的；b=获奖的；c=温室中生长的；d=我的桃子；e=成熟的；h=晚上出售的。

39. (1) 不守诺言的人都不可信赖；

(2) 喝酒的都善于交际；

(3) 信守诺言的都是诚实的；

(4) 不喝酒的都不是当铺老板；

(5) 人们可以信赖那些善于交际的人。

论域为“人”；a=诚实的；b=当铺老板；c=不守诺言的；d=可以信赖的；e=善于交际的；h=喝酒的。

40. (1) 爱吃鱼的小猫都不是不可驯养的；

(2) 没有尾巴的小猫都不喜欢和大猩猩玩耍；

(3) 有胡须的小猫总是喜欢吃鱼；

(4) 可驯养的小猫都没有绿色眼睛；

(5) 没有胡须的小猫都没有尾巴。

论域为“小猫”；a=绿色眼睛的；b=爱吃鱼的；c=有尾巴的；d=可驯养的；e=有胡须的；h=喜欢和大猩猩玩耍的。

41. (1) 这所大学里，所有来自伊顿中学的男生都打板球；
(2) 只有学者们才在高桌上吃饭；
(3) 板球运动员都不划船；
(4) 这所大学里，我的朋友都来自伊顿中学；
(5) 所有学者都是划船运动员。

论域为“这所大学里的男人”；a=板球运动员；b=在高桌上吃饭的；c=来自伊顿中学的男生；d=我的朋友；e=划船运动员；h=学者。

42. (1) 这里的箱子没有我敢打开的；
(2) 写字台都是红木的；
(3) 这里以外的箱子都刷漆了；
(4) 没有装满活蝎子的箱子都不是我不敢打开的；
(5) 我所有的红木箱子都是未刷漆的。

论域为“我的箱子”；a=我敢打开的箱子；b=装满活蝎子的；c=这里的；d=红木的；e=刷漆的；h=写字台的。

43. (1) 所有理解人性的作家都是聪明的；
(2) 如果一个人不能打动人心，那么他就不是真正的诗人；
(3) 莎士比亚写了《哈姆雷特》；
(4) 任何不理解人性的作家都不能够打动人心；
(5) 只有真正的诗人才能写出《哈姆雷特》。

论域为“作家”；a=能够打动人心的；b=聪明的；c=莎士比亚；d=真正的诗人；e=理解人性的；h=《哈姆雷特》的作者。

44. (1) 我鄙视所有那些无用的桥梁；
(2) 任何值得歌颂的事物都是我可以接受的；
(3) 任意彩虹都不能承载手推车；
(4) 任意有用的桥梁都能承载手推车；
(5) 我不会接受那些我鄙视的事物。

论域为“事物”；a=能承载手推车的；b=我可以接受的；c=我鄙视的；d=彩虹；e=有用的桥梁；h=值得歌颂的。

45. (1) 当我毫无怨言地做着逻辑学习题时，你可以肯定它是一个我能理解的习题；
(2) 这些连锁三段论不是按照常规顺序排列，如同我熟悉的习题那样；

(3) 简单的习题都不会让我头痛；

(4) 我不能理解那些习题，它们不是按照常规顺序排列的，如同我熟悉的习题那样；

(5) 如果一个习题不让我头痛，那么我不抱怨它。

论域为“我做的逻辑学习题”；a=如同我熟悉的习题，按常规顺序排列的；b=简单的；c=让我抱怨的；d=让我头痛的；e=这些连锁三段论；h=我理解的。

46. (1) 不能用三段论来表达的想法都是非常可笑的；

(2) 关于干果面包想法都不值得写下来；

(3) 不能变成现实的想法都不能表达为三段论；

(4) 我从来没有这样非常可笑的想法，即我不立即求助于我的律师；

(5) 我的梦想都是关于干果面包的；

(6) 我从不把它求助于我的律师，如果我的想法不值得写下来。

论域为“我的想法”；a=能够表达为三段论的；b=关于干果面包的；c=变成现实的；d=梦想；e=非常可笑的；h=求助于我的律师的；k=值得写下来的。

47. (1) 除了战争的绘画以外，这里的绘画都是没有价值的；

(2) 无框架绘画都不是装裱的；

(3) 所有战争绘画都是油画；

(4) 所有已售出的都是有价值的；

(5) 所有英国绘画都装裱了；

(6) 所有有框架的都已售出。

论域为“这里的绘画”；a=战争的；b=英国的；c=有框架的；d=油画；e=已售出的；h=有价值的；k=装裱的。

48. (1) 不能踢的动物总是不易兴奋的；

(2) 毛驴没有犄角；

(3) 水牛总能把动物扔过大门；

(4) 能踢的动物都不能踢到雨燕；

(5) 没有犄角的动物都不能把动物扔过大门；

(6) 除水牛外，所有动物都易兴奋。

论域为“动物”；a=能够把动物扔过大门的；b=水牛；c=毛驴；d=

雨燕；e=易兴奋的；h=有犄角的；k=能踢的。

49. (1) 参加聚会的人都不是不梳头的；

(2) 没有人看起来很迷人，如果他不整洁的话；

(3) 吸食鸦片者都没有自制力；

(4) 每个梳过头发的人看起来都很迷人；

(5) 如果不去参加聚会，则任何人都不会戴着白色羊皮手套；

(6) 没有自制力的人总是不整洁的。

论域为“人”；a=参加聚会的；b=梳过头发的；c=有自制力的；d=看起来很迷人的；e=吸食鸦片的；h=整洁的；k=戴着白色羊皮手套的。

50. (1) 总是给妻子买新衣服的丈夫可能是一个脾气暴躁的男人；

(2) 有条不紊的丈夫总是回家喝茶；

(3) 在燃气喷嘴上挂帽子的都不是妻子不让他保持正常顺序的；

(4) 好丈夫总是给妻子买新衣服；

(5) 如果丈夫的妻子不让他保持正常的秩序，那么任何丈夫都不可能不脾气暴躁；

(6) 杂乱无章的丈夫总是把帽子挂在燃气喷嘴上。

论域为“丈夫”；a=总是回家喝茶的；b=总是给妻子买新衣服的；c=脾气暴躁的；d=好的；e=在燃气喷嘴上挂帽子的；h=保持正常顺序的；k=有条不紊的。

51. (1) 所有不太丑陋的事物都可以放在客厅里；

(2) 所有被盐包裹的事物都不会太干燥；

(3) 如果一个事物太潮湿，那么它不可以放在客厅里；

(4) 游泳更衣车总是放在海边；

(5) 珍珠母制成的事物都不可能太丑陋；

(6) 任何总是在海边的事物都会被盐包裹。

论域为“事物”；a=太丑陋的；b=游泳更衣车；c=被盐包裹的；d=总是在海边的；e=由珍珠母制成的；h=太干燥的；k=可以放在客厅里的。

52. (1) 当罗宾逊对我礼貌时，我不称之为“不幸日”；

(2) 星期三总是多云的；

(3) 当人们带雨伞时，天气都不会变好；

(4) 罗宾逊对我不礼貌的日子都是星期三；

(5) 下雨时每个人都带着雨伞；

(6) 我的“幸运日”都天气变好。

论域为“日子”；a=我称之为“幸运日”；b=多云的；c=人们带雨伞的；d=罗宾逊对我和蔼的；e=下雨的；h=天气变好的；k=星期三。

53. (1) 没有鲨鱼怀疑自己装备良好；

(2) 不会跳小步舞的鱼是可轻视的；

(3) 如果没有三排牙齿，那么任何鱼都不能确信自己装备良好；

(4) 除鲨鱼外，所有鱼类都对儿童友好；

(5) 笨重的鱼都不会跳小步舞；

(6) 有三排牙齿的鱼是不可轻视的。

论域为“鱼类”；a=会跳小步舞的；b=确信自己装备良好的；c=可轻视的；d=有三排牙齿的；e=笨重的；h=对儿童友好的；k=鲨鱼。

54. (1) 除了我的仆人以外，所有人都有生活常识；

(2) 爱吃大麦棒糖的人不是别人而仅仅是小孩子；

(3) 只有玩跳房子的人才知道什么是真正的幸福；

(4) 小孩子都没有生活常识；

(5) 火车司机从不玩跳房子；

(6) 我的仆人都不知道什么是真正的幸福。

论域为“人”；a=火车司机；b=有生活常识的；c=玩跳房子的；d=知道真正幸福的；e=爱吃大麦棒糖的；h=小孩子；k=我的仆人。

55. (1) 我信任那些属于我的动物；

(2) 狗都啃骨头；

(3) 我不允许这些动物进入我书房，如果它们听到命令却不愿意举起前脚；

(4) 院子里所有的动物都是属于我的；

(5) 我允许那些我信任的动物进我书房；

(6) 听到命令后愿意举起前脚的动物都是狗。

论域为“动物”；a=允许进我书房的；b=我信任的；c=狗；d=啃骨头的；e=在院子里的；h=属于我的；k=听到命令后愿意举起前脚的。

56. (1) 如果我没有注意到那些动物，它们总是会受到致命的冒犯；

(2) 属于我的仅有的动物都在那块地里；

(3) 任何动物都猜不出难题，如果它们没在寄宿学校接受过适当的训练；

(4) 那块地里的动物都不是獾；

(5) 当一只动物受到致命冒犯时，它总是狂奔嚎叫；

(6) 我从未注意到任何动物，如果它不属于我；

(7) 任何在寄宿学校接受过适当训练的动物都不会狂奔嚎叫。

论域为“动物”；a=能够猜出难题的；b=獾；c=在那块地里的；d=致命冒犯的；e=属于我的；h=我注意到的；k=在寄宿学校接受过适当训练的；l=狂奔嚎叫的。

57. (1) 我从未把支票放在档案里，如果我不担心它们；

(2) 所有未标记“+”字的支票都是应付给持票人的；

(3) 如果它们在银行未承兑，那么它们都不是带回给我的；

(4) 所有标记“+”字的支票金额都超过 100 英镑；

(5) 所有不在档案中的支票都标记为“不可流通”；

(6) 你的支票都是未承兑的；

(7) 我不担心那些支票，如果它们不是碰巧带回给我的；

(8) 标记“不可流通”的支票金额都不超过 100 英镑。

论域为“我管理的支票”；a=带回来给我的；b=我担心的；c=承兑的；d=标记“+”字的；e=标记为“不可流通”的；h=在档案里的；k=超过 100 英镑的；l=应付给持票人的；m=你的。

58. (1) 所有注明日期的信件都写在蓝纸上；

(2) 除以第三人称书写的以外，没有信件是黑墨水的；

(3) 我没有存档那些我能读懂的信件；

(4) 单页信件都没有日期；

(5) 所有未标记“+”字的信件都是黑墨水的；

(6) 所有布朗写的信件都以“亲爱的先生”开头；

(7) 所有蓝纸的信件均已存档；

(8) 多页的信件都有“+”字标记；

(9) 所有以“亲爱的先生”开头的信件都不是用第三人称写的。

论域为“这间屋子里的信件”；a=以“亲爱的先生”开头的；b=有“+”字的；c=有日期的；d=存档的；e=黑墨水的；h=第三人称的；k=

我能读懂的；l=蓝纸的；m=单页的；n=布朗写的。

59. (1) 这所房子里仅有的动物都是猫；

(2) 所有爱看月亮的动物都适合当宠物；

(3) 当我讨厌一个动物时，我会避开它；

(4) 任何动物都不是食肉动物，如果它们不是夜行的；

(5) 没有猫不杀老鼠；

(6) 除了这所房子里的动物外，任何动物都不亲近我；

(7) 袋鼠不适合当作宠物；

(8) 只有食肉动物才杀老鼠；

(9) 我讨厌那些不亲近我的动物；

(10) 夜行的动物总是爱看月亮。

论域为“动物”；a=我避开的；b=食肉动物；c=猫；d=我讨厌的；e=在这所房子里的；h=袋鼠；k=杀老鼠的；l=爱看月亮的；m=夜行的；n=适合当作宠物的；r=亲近我的。

［答案见第 133-134 页。］

第2章　答案

【第1节】

1. 量词：所有。主词：那些名称为“我”的人。联词：都是。谓词：那些出去散步了的人。或者简写为：所有、那些“我”、都是、出去散步了的人。
2. 所有、那些“我”、都是、感觉好多了的人。
3. 没有、约翰以外的人、是、读过这封信的人。①
4. 没有、那些“你和我”的人、是、老年的人。
5. 没有、肥胖的动物、是、跑得快的。
6. 没有、非英雄的人、是、配美人的人②。
7. 没有、脸色不苍白的人、是、诗人。
8. 有些、法官、是、坏脾气的人。
9. 所有、那些“我”、都是、不忽视重要生意的人。
10. 所有、困难的事情、都是、需要努力的事情。
11. 所有、不健康的事情、都是、应该避免的事情。
12. 所有、上周通过的法律、都是、与消费税有关的法律。
13. 所有、逻辑知识、都是、迷惑我的事物。
14. 没有、房子里的人、是、犹太人。
15. 有些、未煮熟的菜、是、不卫生的菜。
16. 所有、乏味的书、都是、使人昏昏欲睡的书。
17. 所有、自知的人、都是、敏锐的人。
18. 所有、那些“你和我”、都是、自知的人。
19. 有些、秃顶的人、是、戴假发的人。

---

① 1~3，9为单称命题，翻译为全称命题。

② 3，6，7的命题形式为“只有 x 才是 y”。其标准形式为“没有not-x是 y”或“所有not-x都是not-y”。

20. 所有、忙忙碌碌的人、都是、从不抱怨的人。
21. 没有、能解开的谜语、是、吸引我的谜语。

【第 2 节】

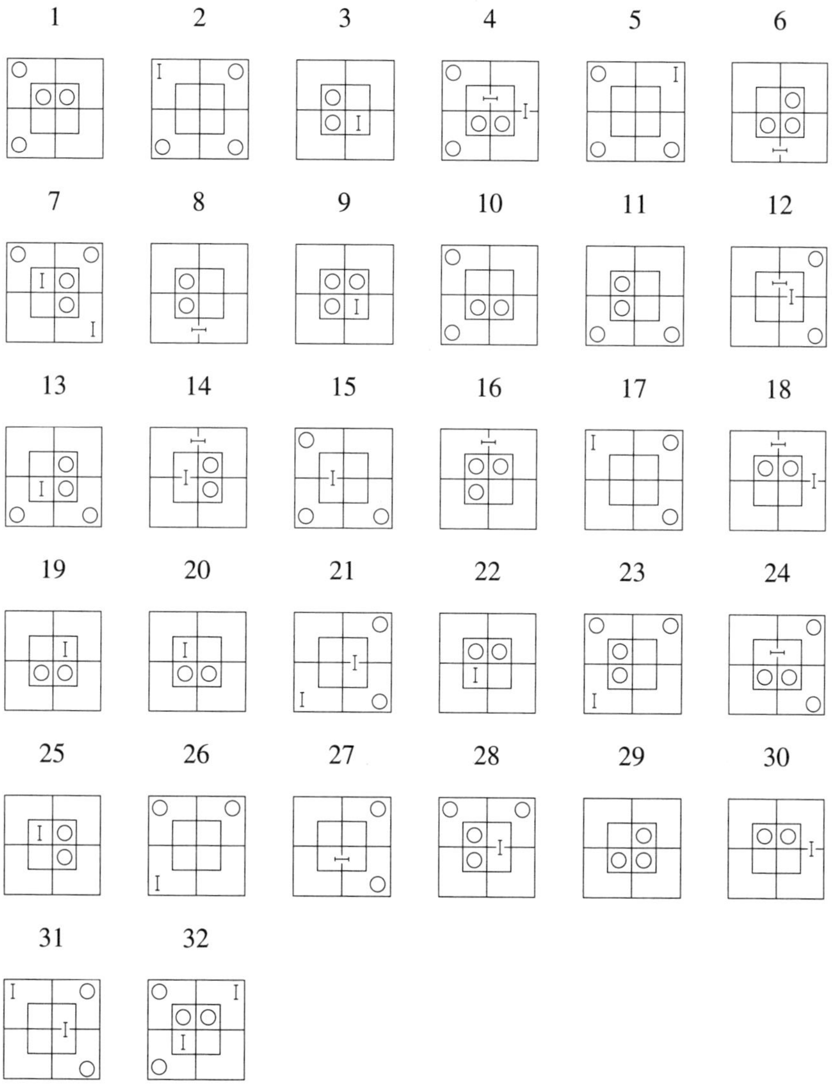

1 2 3 4 5 6

7 8 9 10 11 12

13 14 15 16 17 18

19 20 21 22 23 24

25 26 27 28 29 30

31 32

【第 3 节】

1. Some xy exist, or some x are y, or some y are x.

2. 无信息。
3. All y' are x'.
4. No xy exist, &c.
5. All y' are x.
6. All x' are y.
7. All x are y.
8. All x' are y', and all y are x.
9. All x' are y'.
10. All x are y'.
11. 无信息。
12. Some $x'y'$ exist, &c.
13. Some xy' exist, &c.
14. No xy' exist, &c.
15. Some xy exist, &c.
16. All y are x.
17. All x' are y, and all y' are x.
18. All x are y', and all y are x'.
19. All x are y, and all y' are x'.
20. All y are x'.

【第 4 节】

1. No x' are y'.
2. Some x' are y'.
3. Some x are y'.
4. 无结论。中项撇号相同而未断定存在性的谬误。
5. Some x' are y'.
6. 无结论。中项撇号相同而未断定存在性的谬误。
7. Some x are y'.
8. Some x' are y'.
9. 无结论。前提里一个特称命题而中项撇号不同的谬误。
10. All x are y, and all y' are x'.
11. 无结论。中项撇号相同而未断定存在性的谬误。
12. All y are x'.
13. No x' are y.
14. No x' are y'.
15. No x are y.
16. All x are y', and all y are x'.
17. No x are y'.
18. No x are y.
19. Some x are y'.
20. No x are y'.
21. Some y are x'.
22. 无结论。前提里一个特称命题而中项撇号不同的谬误。
23. Some x are y.
24. All y are x'.
25. Some y are x'.
26. All y are x.
27. All x are y, and all y' are x'.
28. Some y are x'.
29. 无结论。中项撇号相同而未断定存在性的谬误。
30. Some y are x'.
31. 无结论。中项撇号相同而未断定存在性的谬误。

32. No x are y'.
33. 无结论。中项撇号相同而未断定存在性的谬误。
34. Some are y.
35. All y are x'.
36. Some y are x'.
37. Some x are y'.
38. No x are y.
39. Some x' are y'.
40. All y' are x.
41. All x are y'.
42. No x are y.

【第 5 节】

1. 有些（有个）出去散步的人感觉好多了。
2. 只有约翰才知道这封信说的事。
3. 你和我都喜欢散步。
4. 诚实有时是最好的策略。
5. 有些猎犬是不肥胖的。
6. 有些英雄如愿以偿。
7. 有些富人不是埃斯基摩人。
8. 无结论。前提里一个特称命题而中项撇号不同的谬误。
9. 约翰病了。
10. 有些雨伞以外的事物不应携带。
11. 只有引起空气振动的音乐才是值得花钱的。
12. 有些假期是无聊的。
13. 英国人都不是法国人。
14. 没有照片是令人满意的。
15. 只有冷漠的人才是诗人。
16. 有些瘦弱的人不快乐。
17. 有些法官不是自律的人。
18. 所有猪都不吃大麦粥。
19. 有些黑色兔子不是老年的。
20. 无结论。前提里一个特称命题而中项撇号不同的谬误。
21. 无结论。中项撇号相同而未断定存在性的谬误。
22. 有些课程需要注意。
23. 无结论。中项撇号相同而未断定存在性的谬误。
24. 忘记诺言的人都会招灾惹祸。
25. 有些贪婪的生物不能飞。
26. 无结论。前提一个特称命题而中项撇号不同的谬误。
27. 没有婚礼蛋糕是不应该避免的事物。
28. 约翰是快乐的。
29. 那些不是赌徒的人里，有些人不是哲学家。
30. 无结论。一个特称前提而中项撇号不同的谬误。
31. 我的房客都不写诗。
32. 塞纳不是美味。
33. 无结论。一个特称前提而中项撇号不同的谬误。

34. 无结论。中项撇号相同而未断定存在性的谬误。
35. 逻辑学不是智力题。
36. 有些野生动物很胖。
37. 所有黄蜂都不受欢迎。
38. 所有黑兔子都是年轻的。
39. 有些煮硬的事物是易碎的。
40. 没有羚羊不讨人喜欢。
41. 所有吃得好的金丝雀都是快乐的。
42. 有些诗歌不是随便创作的。
43. 遍地恐龙的国家都是令人着迷的。
44. 无结论。中项撇号相同而未断定存在性的谬误。
45. 有些风景如画的事物不是糖做的。
46. 没有孩子能安静地坐着。
47. 有些猫不会吹口哨。
48. 你是可怕的。
49. 有些牡蛎不是有趣的。
50. 房子里没人留一码长的胡子。
51. 有些食物不足的金丝雀是不快乐的。
52. 我的姐妹们都不会唱歌。
53. 无结论。一个特称前提而中项撇号不同的谬误。
54. 有些油腻的事物是好吃的。
55. 我的表亲都不是法官，法官也都不是我的表亲。
56. 有些烦人的事物不是人们所渴望的。
57. 塞纳是危险的。
58. 无结论。一个特称前提而中项撇号不同的谬误。
59. 黑人都不是高大男人。
60. 有些固执的人不是哲学家。
61. 约翰是幸福的。
62. 这桌以外的有些菜是不卫生的(即不是这桌的，是别桌的菜)。
63. 只有使人昏昏欲睡的书，才适合发烧病人。
64. 有些贪婪的生物不会飞。
65. 你和我都能发现骗子。
66. 有些梦不是羔羊。
67. 蜥蜴都不需要梳子。
68. 有些无人关注的事情不是争论。
69. 我的表亲们都不是法官。
70. 有些煮熟的东西是易碎的。
71. 无结论。一个特称前提而中项撇号不同的谬误。
72. 她不是受欢迎的。
73. 有些戴假发的人不是儿童。
74. 没有龙虾追求不可能的事。
75. 没有噩梦是人们渴望的。
76. 有些美味不是蛋糕。
77. 有些果酱不需要回避。
78. 所有鸭子都不是优雅的。
79. 无结论。中项撇号相同而未断定存在性的谬误。
80. 所有在街上乞讨的人，都不应该不记账。
81. 有些野蛮生物不是蜘蛛。
82. 无结论。一个特称前提而中项撇号不同的谬误。

83. 不携带大量零钱的旅行者都会丢失行李。
84. 无结论。一个特称前提而中项撇号不同的谬误。
85. 所有法官都不是我的表亲。
86. 所有的我的房客都不是疯子。
87. 忙碌的人都是知足的，或不知足的人都是不忙碌的。
88. 没有夜莺不喜欢糖。
89. 无结论。中项撇号相同而未断定存在性的谬误。
90. 有些借口不是明确的解释。
91. 无结论。中项撇号相同而未断定存在性的谬误。
92. 所有善意的行为都不用顾忌。
93. 无结论。中项撇号相同而未断定存在性的谬误。
94. 无结论。中项撇号相同而未断定存在性的谬误。
95. 没有骗子是可信的。
96. 我的聪明孩子都不贪婪。
97. 有些为了娱乐的事物不是议会法案。
98. 所有应该遗忘的旅行都不值得书写。
99. 听话的孩子都不知足。
100. 你的来访没招我烦。

【第 6 节】

1. 结论正确。
2. 无结论。中项撇号相同而未断定存在性的谬误。
3-5，结论正确。
6. 无结论。中项撇号相同而未断定存在性的谬误。
7. 无结论。一个特称前提而中项撇号不同的谬误。
8-15. 结论正确。
16. 无结论。中项撇号相同而未断定存在性的谬误。
17-21. 结论正确。
22. 结论错误：正确答案是“有些 x 是 y”。
23-27. 结论正确。
28. 无结论。中项撇号相同而未断定存在性的谬误。
29-33. 结论正确。
34. 无结论。一个特称前提而中项撇号不同的谬误。
35-37. 结论正确。

38. 无结论。中项撇号相同而未断定存在性的谬误。

39-40. 结论正确。

【第 7 节】

1-3. 结论正确。

4. 结论错误。正确的结论是“有些美食家不是我的叔叔”。

5. 结论正确。

6. 无结论。一个特称前提而中项撇号不同的谬误。

7. 结论错误。正确的是“我读过的出版物都是谎言”。

8. 无结论。一个特称前提而中项撇号不同的谬误。

9. 结论错误。正确的答案是“有些乏味的歌曲不是他的”。

10. 结论正确。

11. 无结论。一个特称前提而中项撇号不同的谬误。

12. 结论错误。正确结论是“有些凶猛的动物不喝咖啡”。

13. 无结论。一个特称前提而中项撇号不同的谬误。

14. 结论正确。

15. 结论错误。正确结论是“有些肤浅的人不是学生”。

16. 无结论。中项撇号相同而未断定存在性的谬误。

17. 结论错误。正确结论是“铁路公司以外的是有利可图的”。

18. 结论错误。正确结论是“有些虚荣的人不是教授”。

19. 结论正确。

20. 结论不完整。完整的结论还有“黄蜂都不是小狗”。

21. 无结论。一个特称前提而中项撇号不同的谬误。

22. 无结论。一个特称前提而中项撇号不同的谬误。

23. 结论正确。

24. 结论错误。正确结论为“有些奶油巧克力是可口的”。

25. 没有结论。中项撇号相同而未断定存在性。

26. 没有结论。一个特称前提而中项撇号不同的谬误。

27. 结论错误。正确的结论是“有些枕头不是扑克”。

28. 结论正确。

29. 没有结论。一个特称前提而中项撇号不同的谬误。

30. 没有结论。中项撇号相同而未断定存在性的谬论。
31. 结论正确。
32. 没有结论。中项撇号相同而未断定存在性的谬论。
33. 没有结论。一个特称前提而中项撇号不同的谬误。
34. 结论错误。正确的结论是“有些可怕的人不是招人喜欢的”。
35. 结论错误。正确的结论是“没人走路手脚都不用”。（所有不用手走路的都是用脚走路的，所有不用脚走路的都是用手走路的。）
36. 结论正确。
37. 没有结论。一个特称前提而中项撇号不同的谬误。
38. 结论错误。正确的结论是“有些孩子害怕的人不是皇帝”。
39. 结论不完整。其省略的部分是“糖都不是盐”。
40. 结论正确。

【第 8 节】

1. $a_1b_0 \dagger b_1a_0$.
2. d_1a_0.
3. ac_0.
4. a_1d_0.
5. cd_0.
6. d_1c_0.
7. $a'c_0$.
8. $c_1a'_0$.
9. $c'd_0$.
10. b_1a_0.
11. d_1b_0.
12. $a'd_0$.
13. e_1b_0.
14. $d_1e'_0$.
15. $e_1a'_0$.
16. $b'c_0$.
17. a_1b_0.
18. d_1c_0.
19. a_1d_0.
20. ac_0.
21. de_0.
22. $a_1b'_0$.
23. h_1c_0.
24. e_1a_0.
25. $e_1c'_0$.
26. $e_1c'_0$.
27. hk'_0.
28. $e_1d'_0$.
29. $l'a_0$.
30. $k_1b'_0$.

【第 9 节】

1. 婴儿无法训练鳄鱼。
2. 你的礼物不是镀锡的。
3. 这盘土豆都是煮熟的。
4. 我的仆人从不说“耳勺”。
5. 我的家禽不是警察。
6. 你的儿子都不是陪审员。
7. 我的铅笔不是糖果。
8. 詹金斯没有经验。
9. 彗星没有卷尾巴。
10. 没有刺猬接受《纽约时报》。
11. 这盘里的食品无益健康。
12. 我的园丁非常老了。

13. 所有蜂鸟都是小型的。
14. 没有鹰钩鼻的人是不赚钱的。
15. 灰色鸭子都不是白脖圈的。
16. 这个柜子里的大罐子都不能保持水分。
17. 这筐苹果都是在阳光下生长的。
18. 不喜欢趴着的小狗从不专心织毛衣。
19. 这张名单上的名字都不是不悦耳的。
20. 所有议员都不参加赛驴会，如果他没有完美的自律。
21. 本店正在出售的商品不允许带走。
22. 四空翻不是新颖的杂技。
23. 豚鼠不会真正欣赏贝多芬。
24. 没有香味的花都是我不喜欢的。
25. 花言巧语的人不是见多识广的。
26. 在这所学校里，只有红头发的男生才学希腊语。
27. 婚礼蛋糕都是我不喜欢的。
28. 汤姆金斯担任主席时正在进行的讨论都危及我们辩论社团的和平。
29. 所有贪吃的孩子都是不健康的。
30. 海雀蛋不是值得歌颂的。
31. 这里出售的书都没有金边，如果它们的定价不是 5 先令以上。
32. 当你割破手指时，你会发现金盏花酊剂是有用的。
33. 我从未遇到过任意一个美人鱼。
34. 这个图书馆里所有的浪漫故事都写得很好。
35. 这个鸟场里的鸟都不吃肉饼。
36. 在笼屉布中未蒸熟的布丁都是与汤相同的。
37. 你写的诗都很乏味。
38. 我的桃子都不是温室中生长的。
39. 当铺老板都不诚实。
40. 绿色眼睛的小猫都不喜欢和大猩猩玩耍。
41. 我所有的朋友都在低桌上吃饭。
42. 写字台里装满活蝎子。
43. 莎士比亚是聪明的。
44. 彩虹不值得歌颂。
45. 这些连锁三段论习题都不简单。
46. 我所有的梦想都变成现实了。
47. 这里所有的英国画都是油画。
48. 毛驴不能踢到雨燕。
49. 吸食鸦片的人都不戴白色羊皮手套。
50. 好丈夫总是回家喝茶。
51. 游泳更衣车从来都不是珍珠母制成的。
52. 下雨天都是多云的。
53. 笨重的鱼都不是对儿童不友好的。
54. 火车司机都不爱吃大麦棒糖。
55. 所有在院子里的动物都啃骨头。
56. 没有獾能猜出难题。
57. 你的支票都是应付给持票人的。
58. 我不能读懂任意一封布朗的信。
59. 我总是避开任意一只袋鼠。

第3章　解法

第1节　标准命题法

第1节习题的解法

1. 论域为“人”。论域里的个体“我”也可以看作是类，该类的属性为“称为我的”，该类写作“那些我”。显然，该类不包含一个“我”以外的其他成员了，因此该命题的量词为“所有”。动词“是”替换为词组“是……的人”。该命题可以如下翻译：“所有”为量词；那些“我”为主语；“都是”为联词；“外出散步的人”为谓语。或者更简单地说：所有、那些“我”、都是、出去散步的人。

2. 论域和主语与上题相同。这个命题可以如下写出：所有、那些“我”、都是、感觉更好的人。

3. 论域是“人”。这个主语显然是一个排除约翰的类，即这是一个包含所有非“约翰”的人的类。量词符号是“没有”。谓语“读过这封信”替换为“是读过这封信的人”。这个命题可以写作：没有、“约翰”以外的人、是、读过这封信的人。

4. 论域是“人”。这个主语显然是人的一个类，其成员只有“你和我”。因此，量词符号是“没有”。这个命题可以写作：没有、“你和我”、是、老年人。

5. 论域是“动物”。谓语动词“跑得快”可以替换为“是跑得快的动物”。这个命题可以写为：没有、肥胖的动物、是、跑得快的动物。

6. 论域是“人”。主语显然是“不是英雄的人”。谓语动词“配美人”可以替换为“是配美人的人”。这个命题可以写作：没有、非英雄、是、配美人的人。

7. 论域是“人”。“是诗人”这个短语显然属于谓语；主语是人的一个类，其特有属性是“不苍白的”。这个命题可以写为：没有、不苍白的人、是、诗人。

8. 论域是“人”。这个命题可以写作：有些、法官、是、坏脾气的人。

9. 论域是“人”。“从不忽视”是“不忽视”的一种强调形式。这个命题可以写作：所有、那些“我”、都是、不忽视重要生意的人。

10. 论域是“事情”。主语“困难的事情”（即“难事”）相对于“所有困难的事情”。这个命题可以写作：所有、困难的事情、都是、需要努力的事情。

11. 论域是“东西”。“不健康的”的解释如前10题。这个命题可以写作：所有、不健康的东西、都是、应该避免的东西。

12. 论域是“法律”。谓语显然是指一个类，其特有的属性是“与消费税有关的”。这个命题可以写作：所有、上周通过的法律、都是、与消费税有关的法律。

13. 论域是“事物”。主语显然是一个类，其特有属性是“逻辑学的知识（事物）”；因此，量词符号是“所有”。这个命题可以写作：所有、逻辑学的事物、都是、让我困惑的事物。

14. 论域是“人”。主语显然是“房子里的人”。这个命题可以写作：没有、房子里的人、是、犹太人。

15. 论域是“菜”。“如果菜未煮熟”相当于属性“未煮熟的”。这个命题可以写作：有些、未煮熟的菜、是、不卫生的菜。

16. 论域是“书”。短语“让人昏昏欲睡”可以替换为短语“是让人昏昏欲睡的书”。量词符号显然是“所有”。这个命题可以写作：所有、乏味的书、都是、让人昏昏欲睡的书。

17. 论域是“人”。主语显然是“自知的人”；“当一个人自知时”是指每个自知的人，即所有自知的人。谓语“是敏锐的”可以替换为“是敏锐的人”。这个命题可以写作：所有、自知的人、都是、敏锐的人。

18. 论域和主语的解释，与习题4相同。这个命题可以写作：所有、那些“你和我”、都是、自知的人。

19. 论域是“人”。谓语“戴假发”可以替换为“是戴假发的人”。这个命题可以写作：有些、秃顶的人、是、戴假发的人。

20. 论域是“人”。词组“从不抱怨”可以替换为“是从不抱怨的人”。这个命题可以写作：所有、忙忙碌碌的人、都是、从不抱怨的人。

21. 论域是“谜语”。条件分句“如果谜语能解开”相当于主语“能解开的谜语”。这个命题可以写作：没有、能解开的谜语、是、吸引我的谜语。

第 2 节　棋盘图解法

第 4 节习题的解法，第 1–12 题

1. No m are x';
   All m' are y.

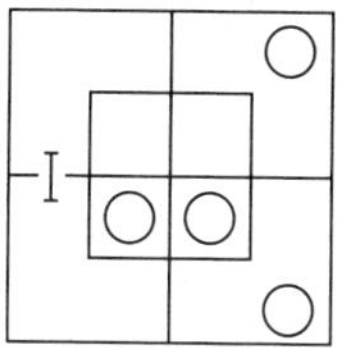

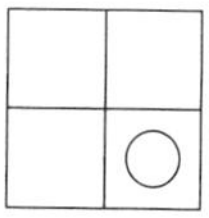

   $\therefore$ No x' are y'.

2. No m' are x;
   Some m' are y'.

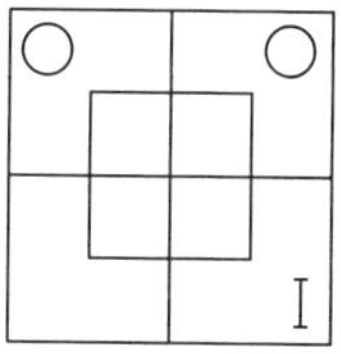

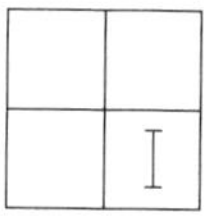

   $\therefore$ Some x are y'.

3. All m' are x;
   All m' are y'.

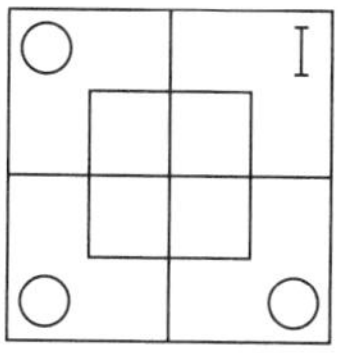

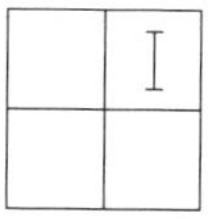

   $\therefore$ Some x are y'.

4. No x' are m';
   All y' are m.

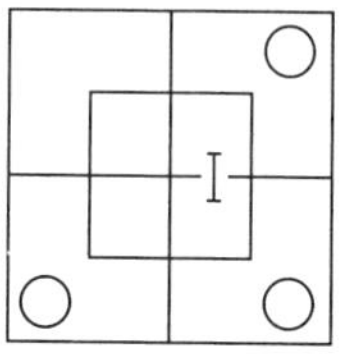

   无结论。

5. Some m are x';
   No y are m.

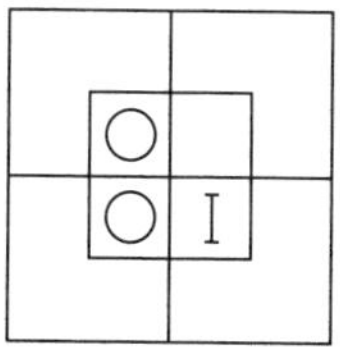

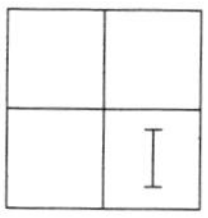

   $\therefore$ Some x' are y'.

6. No x' are m;
   No m are y.

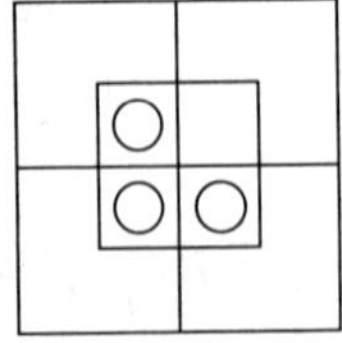

无结论。

7. No m are x';
   Some y' are m.

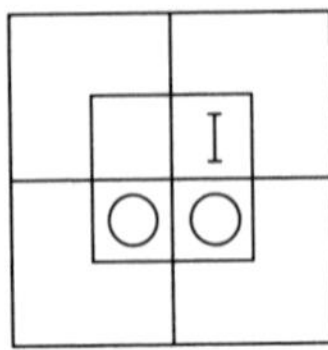

$\therefore$ Some x are y'.

8. All m' are x';
   No m' are y.

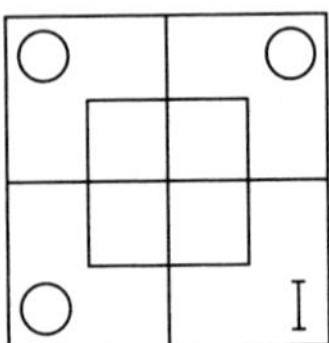

$\therefore$ Some x' are y'.

9. Some x' are m';
   No m are y'.

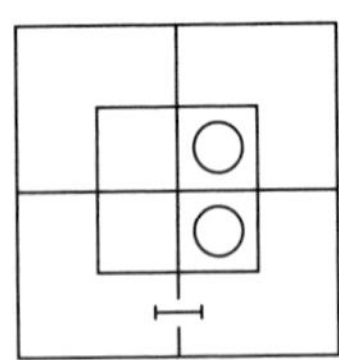

无结论。

10. All x are m;
    All y' are m'.

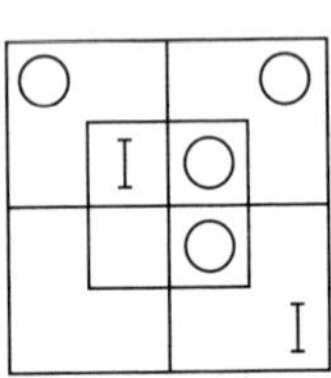

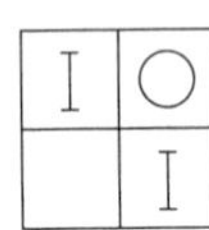

$\therefore$ All x are y;
All y' are x'.

11. No m are x;
    All y' are m'.

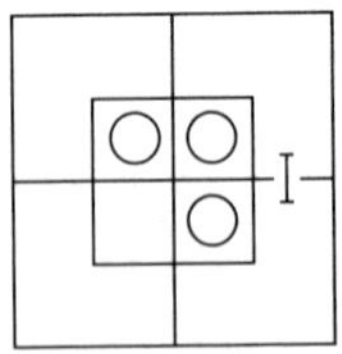

无结论。

12. No x are m;
    All y are m.

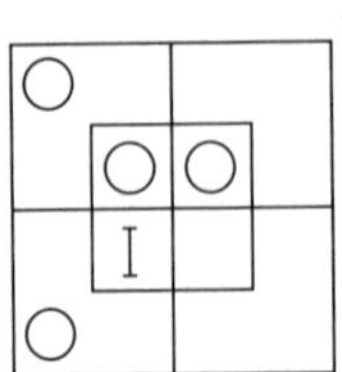

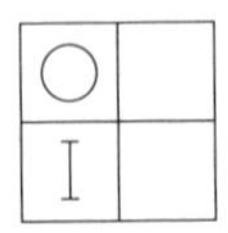

$\therefore$ All y are x'.

第 5 节习题的解法，第 1–12 题

1. 我出去散步了；我感觉好多了。

论域为“人”；m = 那些“我”的类；x = 出去散步了的人；y = 感觉好多了的人。

All m are x;
All m are y.

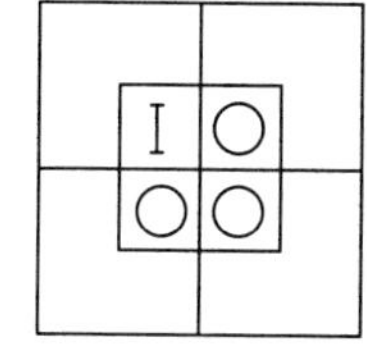

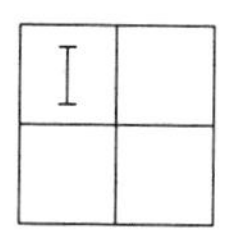

∴ Some x are y.

结论为：有些（有个）出去散步了的人是感觉好多了的人。

2. 只有约翰才读了这封信；所有未读这封信的人都不知道它说的事。

论域为“人”；m = 读了这封信的人；x = 那些“约翰”的类；y = 知道这封信说的事。

No x' are m;
No m' are y.

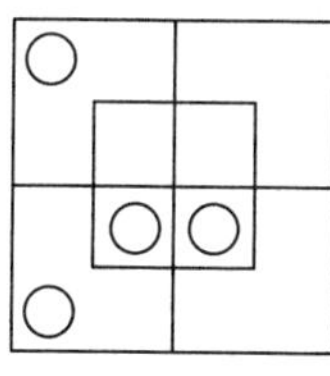

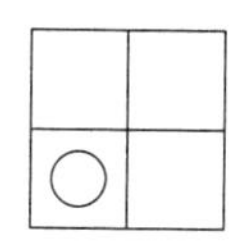

∴ No x' are y.

结论为：只有约翰才知道这封信说的事。

3. 那些不老的都喜欢散步；我和你都是年轻的。

论域为“人”；m = 老年的；x = 喜欢散步的；y = 我和你。

All m' are x;
All y are m'.

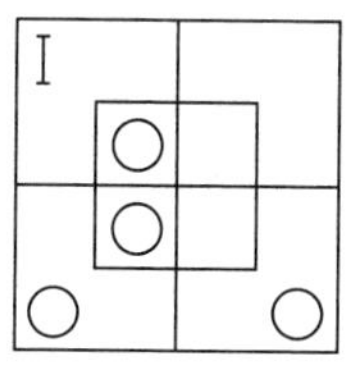

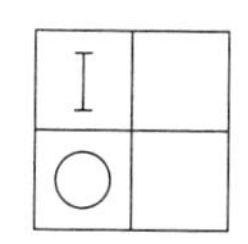

∴ All y are x.

结论为：你和我喜欢散步。

4. 你的建议都是诚实的；你的建议都是最好的策略。

论域为“建议”；m = 你的；x = 诚实的；y = 最好策略的。

All m are x;
All m are y.

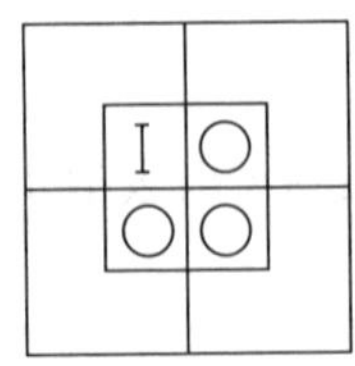

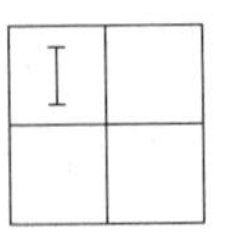

∴ Some x are y.

结论为：诚实有时是最好的策略。

5. 没有肥胖的动物跑得快；有些猎犬跑得快。

论域为“动物”；m=跑得快的；x=肥胖的；y=猎犬。

No x are m;
Some y are m.

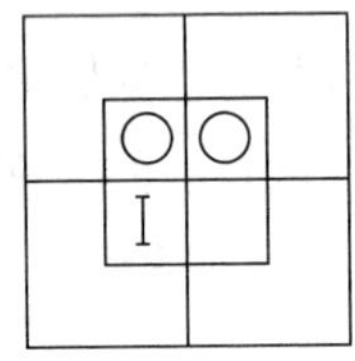

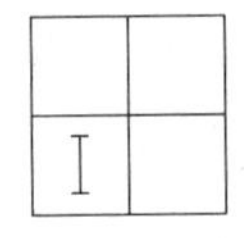

∴ Some y are x'.

结论为：有些猎犬不是肥胖的。

6. 有些匹配美人的人如愿以偿；只有英雄才匹配美人。

论域为“人”；m=匹配美人的；x=如愿以偿的；y=英雄。

Some m are x;
No y' are m.

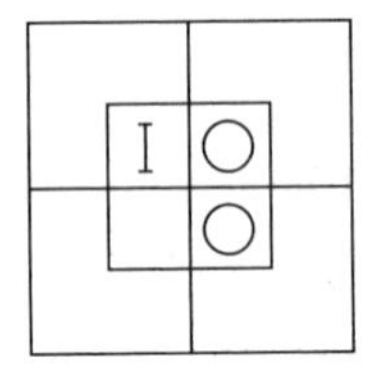

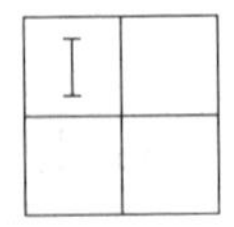

∴ Some y are x.

结论为：有些英雄如愿以偿。

7. 有些犹太人是富人；所有埃斯基摩人都是非犹太人。

论域是“人”；m=犹太人；x=富人；y=爱斯基摩人。

Some m are x;
All y are m'.

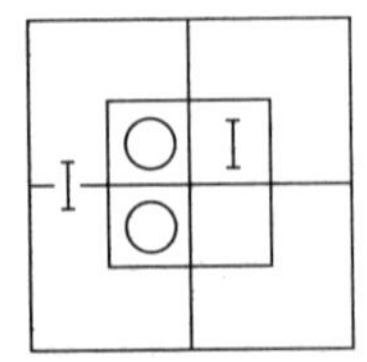

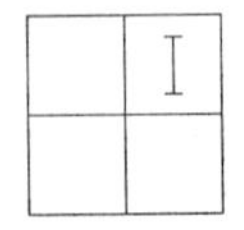

∴ Some x are y'.

结论为：有些富人不是爱斯基摩人。

8. 所有糖果都是甜的；有些甜的事物是孩子们喜欢的。

论域为“事物”；m=甜的；x=糖果；y=孩子们喜欢的。

All x are m;
Some m are y.

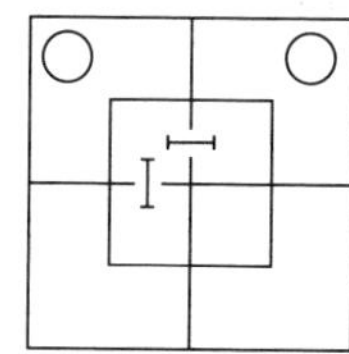

本题无结论。

9. 约翰是在家里的；每个在家里的人都是病人。

论域是“人”；m=家里的；x=“约翰”的类；y=病人。

All x are m;
All m are y.

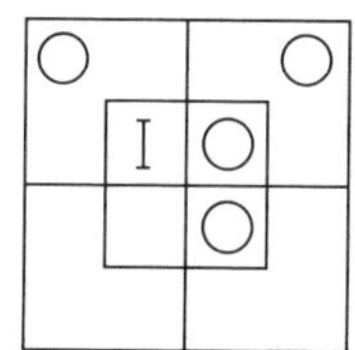

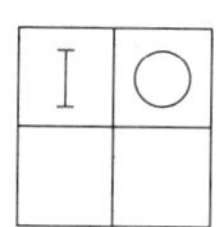

∴ All x are y.

结论为：约翰是病人。

10. 雨伞都是旅途中有用的；旅途中无用的都不应携带。

论域为“事物”；m=旅途中有用的；x=雨伞；y=不应携带的。

All x are m;
All m' are y.

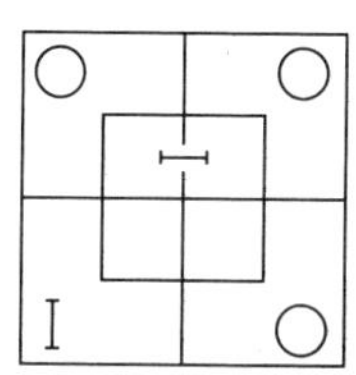

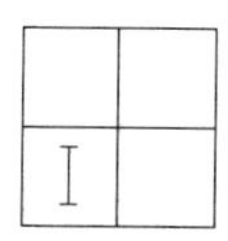

∴ Some x' are y.

结论为：有些雨伞以外的事物是不应携带的。

11. 听得见的音乐引起空气振动；听不见的音乐不值得花钱。

论域是“音乐”；m=听得见的；x=引起空气振动的；y=值得花钱的。

All m are x;
All m' are y'.

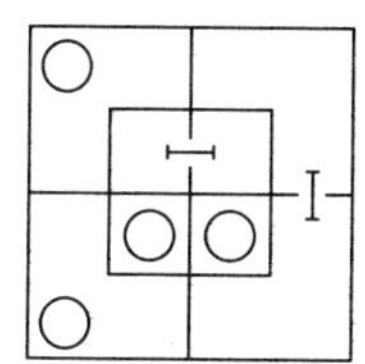

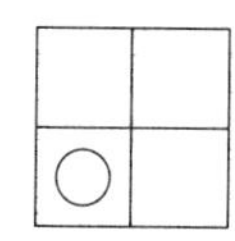

∴ No x' are y.

结论为：只有引起空气振动的音乐才是值得花钱的。

12. 有些假期是下雨的；下雨的日期都是无聊的。

论域为“日期”；m=下雨的；x=假期的；y=无聊的。

Some x are m;

All m are y.

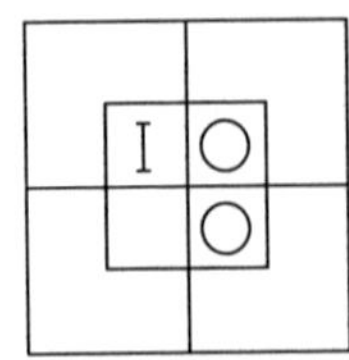

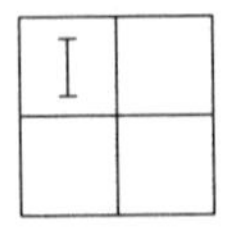

∴ Some x are y.

结论为：有些假期是无聊的。

第 6 节习题的解法，第 1–10 题

1. Some x are m; No m are y'. Some x are y.

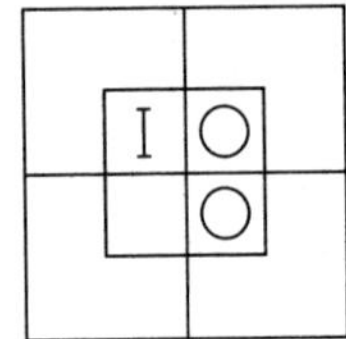

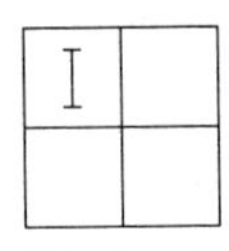

原结论正确。

2. All x are m; No y are m'. No y are x'.

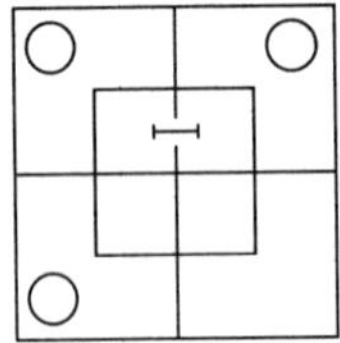

无结论。

3. Some x are m'; All y' are m. Some x are y.

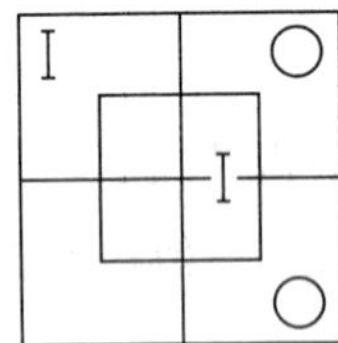

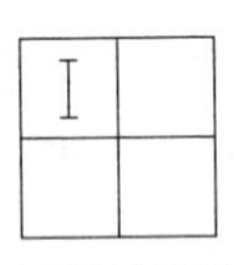

原结论正确。

4. All x are m; No y are m. All x are y'.

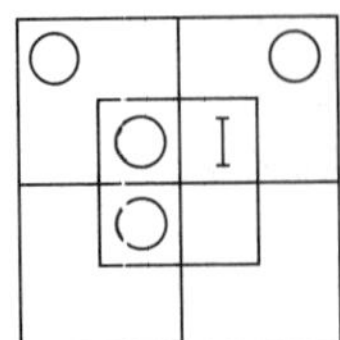

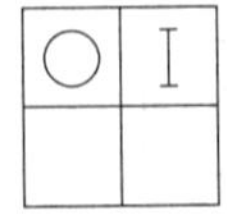

原结论正确。

5. Some m' are x'; No m' are y. Some x' are y'.

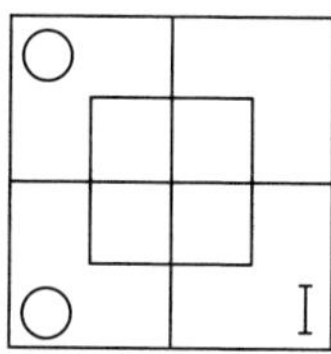

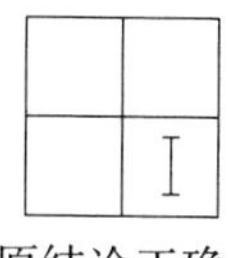

原结论正确。

6. No x' are m; All y are m'. All y are x.

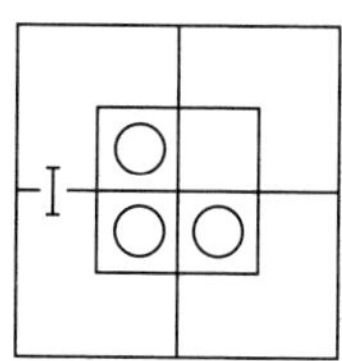

无结论。

7. Some m' are x'; All y' are m'. Some x' are y'.

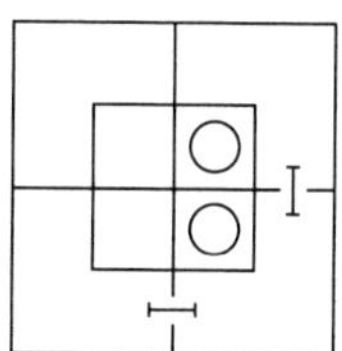

无结论。

8. No m' are x'; All y' are m'. All y' are x.

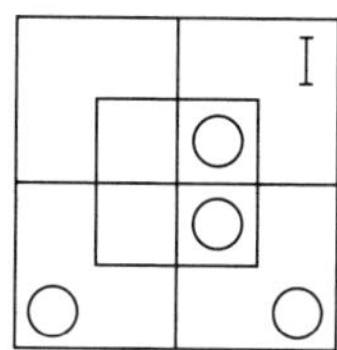

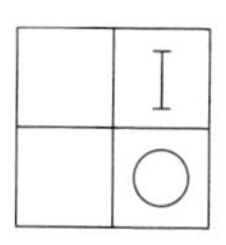

原结论正确。

9. Some m are x'; No m are y. Some x' are y'.

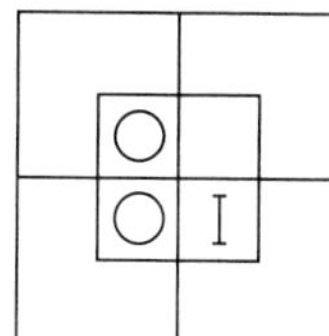

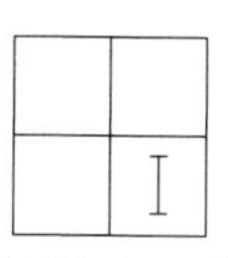

原结论正确。

10. All m' are x'; All m are y. Some y are x'.

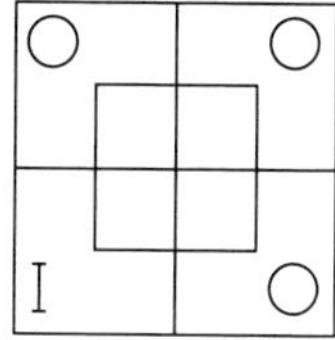

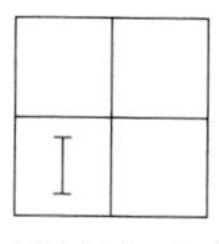

原结论正确。

第 7 节习题的解法，第 1–6 题

1. 没有医生是热情的；

你是热情的。

你不是医生。

论域是“人”，m=热情的，x=医生，y=你。

No x are m;

All y are m.

All y are x'.

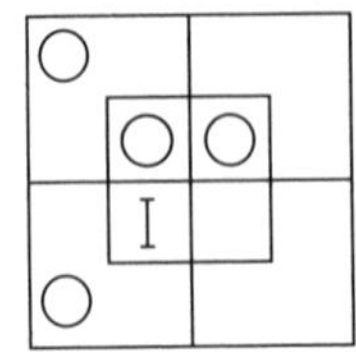

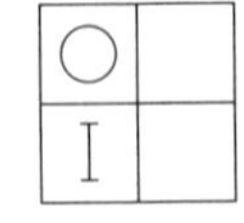

∴ All y are x'.

原结论正确。

2. 字典都是有用的；

有用的书都是高价的。

字典都是高价的。

论域是“书”，m=有用的，x=字典，y=高价的。

All x are m;

All m are y.

All x are y.

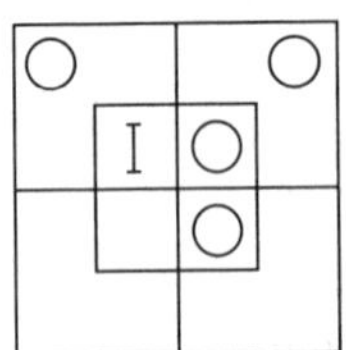

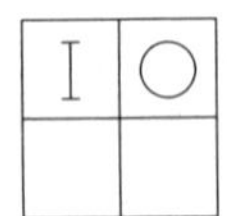

∴ All x are y.

原结论正确。

3. 没有守财奴是无私的；

只有守财奴才保存蛋壳。

没有无私的人保存蛋壳。

论域是“人”，m=守财奴，x=自私的，y=保存蛋壳的。

No m are x';

No m' are y.

No x' are y.

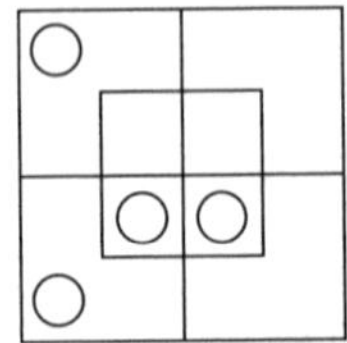

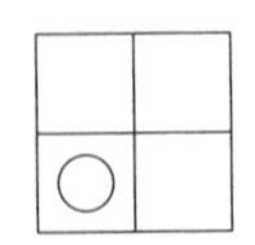

∴ No x' are y.

原结论正确。

4. 有些美食家是不大方的；

我的叔叔都是大方的。

我的叔叔都不是美食家。

论域是“人”，m=大方的，x=美食家，y=我的叔叔。

Some x are m'.
All y are m.
All y are x'.

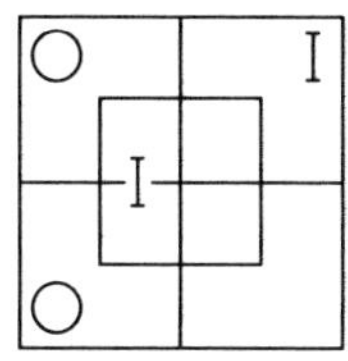

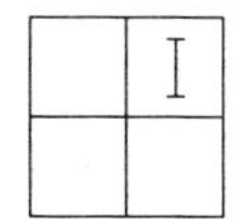

∴ Some x are y'.

Hence proposed Conclusion is wrong, the right one being "Some epicures are not uncles of mine."

5. 黄金都是沉重的；

只有黄金才能使他安静。

所有轻飘的事物都不能使他安静。

论域是“事物”，m=黄金，x=轻飘的，y=能使他安静的。

All m are x;
No m' are y.
No x' are y.

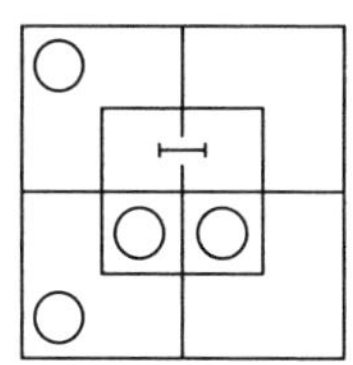

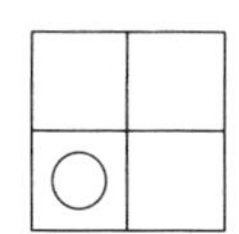

∴ No x' are y.

原结论正确。

6. 有些健康的人是肥胖的；

不健康的人都不是强壮的。

有些肥胖的人不是强壮的。

论域是“人”，m=健康的，x=肥胖的，y=强壮的。

Some m are x;
No m' are y.
Some x are y'.

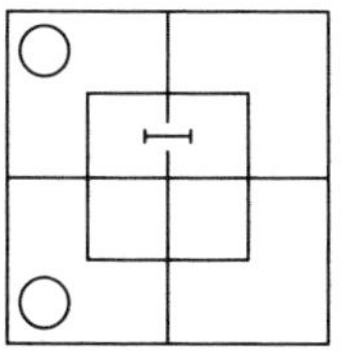

无结论。

第3节　下标符号法

第4节习题的解法

1. $mx'_0 \dagger m'_1y'_0$ ¶ $x'y'_0$ fig. I.

   i. e. "No x' are y'."

2. $m'x_0 \dagger m'y'_1$ ¶ $x'y'_1$ fig. II.

   i. e. "Some x' are y'."

3. $m'_1x'_0 \dagger m'_1y_0$ ¶ xy'_1 fig. III.

   i. e. "Some x are y'."

4. $x'm'_0 \dagger y'_1m'_0$ ¶ nothing.

   [中项相同但未断定存在性的谬误。]

5. $mx'_1 \dagger ym_0$ ¶ $x'y'_1$ fig. II.

   i. e. "Some x' are y'."

6. $x'm_0 \dagger my_0$ ¶ nothing.

   [中项相同但未断定存在性的谬误。]

7. $mx'_0 \dagger y'm_1$ ¶ xy'_1 fig. II.

   i. e. "Some x are y'."

8. $m'_1x_0 \dagger m'y_0$ ¶ $x'y'_1$ fig. III.

   i. e. "Some x' are y'."

9. $x'm'_1 \dagger my_0$ ¶ nothing.

   [中项不同且有一个特称前提的谬误。]

10. $x_1m'_0 \dagger y'_1m_0$ ¶ $x_1y'_0 \dagger y'_1x_0$ fig. I (β).

    i. e. "All x are y, and all y' are x'."

11. $mx_0 \dagger y'_1m_0$ ¶ nothing.

    [中项相同但未断定存在性的谬误。]

12. $xm_0 \dagger y_1m'_0$ ¶ y_1x_0 fig. I (α).

    i. e. "All y are x'."

13. $m'_1x'_0 \dagger ym_0$ ¶ $x'y_0$ fig. I.

    i. e. "No x' are y."

14. $m_1x'_0 \dagger m'_1y'_0$ ¶ $x'y'_0$ fig. I.

i. e. "No x' are y'."

15. $xm_0 \dagger m'y_0$ ¶ xy_0 fig. I.

i. e. "No x are y."

16. $x_1m_0 \dagger y_1m'_0$ ¶ $(x_1y_0 \dagger y_1x_0)$ fig. I (β).

i. e. "All x are y' and all y are x'."

17. $xm_0 \dagger m'_1y'_0$ ¶ xy'_0 fig. I.

i. e. "No x are y'."

18. $xm'_0 \dagger my_0$ ¶ xy_0 fig. I.

i. e. "No x are y."

19. $m_1x'_0 \dagger m_1y_0$ ¶ xy'_1 fig. III.

i. e. "Some x are y'."

20. $mx_0 \dagger m'_1y'_0$ ¶ xy'_0 fig. I.

i. e. "No x are y'."

21. $x_1m'_0 \dagger m'y_1$ ¶ $x'y_1$ fig. II.

i. e. "Some x' are y."

22. $xm_1 \dagger y_1m'_0$ ¶ nothing.

[中项不同且有一个特称前提的谬误。]

23. $m_1x'_0 \dagger ym_1$ ¶ xy_1 fig. II.

i. e. "Some x are y."

24. $xm_0 \dagger y_1m'_0$ ¶ y_1x_0 fig. I (α).

i. e. "All y are x'."

25. $mx'_1 \dagger my'_0$ ¶ $x'y_1$ fig. II.

i. e. "Some x' are y."

26. $mx'_0 \dagger y_1m'_0$ ¶ $y_1x'_0$ fig. I (α).

i. e. "All y are x."

27. $x_1m_0 \dagger y'_1m'_0$ ¶ $(x_1y'_0 \dagger y'_1x_0)$ fig. I (β).

i. e. "All x are y, and all y' are x'."

28. $m_1x_0 \dagger my_1$ ¶ $x'y_1$ fig. II.

i. e. "Some x' are y."

29. $mx_0 \dagger y_1m_0$ ¶ nothing.

[中项相同但未断定存在性的谬误。]

30. $x_{10} \dagger ym_1$ ¶ $x'y_1$① fig. II.

i. e. "Some y are x'."

31. $x_1m'_0 \dagger y_1m'_0$ ¶ nothing.

[中项相同但未断定存在性的谬误。]

32. $x_0 \dagger m_1y'_0$ ¶ $xy'_0$② fig. I.

i. e. "No x are y'."

33. $mx_0 \dagger my_0$ ¶ nothing.

[中项相同但未断定存在性的谬误。]

34. $mx'_0 \dagger ym_1$ ¶ xy_1 fig. II.

i. e. "Some x are y."

35. $mx_0 \dagger y_1m'_0$ ¶ y_1x_0 fig. I (α).

i. e. "All y are x'."

36. $m_1x_0 \dagger ym_1$ ¶ $x'y_1$ fig. II.

i. e. "Some x' are y."

37. $m_1x'_0 \dagger ym_0$ ¶ xy'_1 fig. III.

i. e. "Some x are y'."

38. $mx_0 \dagger m'y_0$ ¶ xy_0 fig. I.

i. e. "No x are y."

39. $mx'_1 \dagger my_0$ ¶ $x'y'_1$ fig. II.

i. e. "Some x' are y'."

40. $x'm_0 \dagger y'_1m'_0$ ¶ $y'_1x'_0$ fig. I (α).

i. e. "All y' are x."

41. $x_1m_0 \dagger ym'_0$ ¶ x_1y_0 fig. I (α).

i. e. "All x are y'."

42. $m'x_0 \dagger ym_0$ ¶ xy_0 fig. I.

i. e. "No x are y."

---

① 原文里 xm'，应改为 xm.

② 原文里 xm，应改为 xm'.

第 5 节习题的解法，第 13–24 题

13. 没有法国人喜欢葡萄干布丁；所有英国人都喜欢葡萄干布丁。

论域为“人”；m = 喜欢葡萄干布丁的；x = 法国的；y = 英国的。

$$xm_0 \dagger y_1m'_0 \quad ¶\ y_1x_0 \qquad \text{fig. I }(\alpha).$$

结论为：所有英国人都不是法国人。

14. 没有傻笑皱眉的肖像是令人满意的；没有照片不是傻笑皱眉的肖像。

论域为“肖像”；m = 傻笑皱眉的；x = 令人满意的；y = 照片。

$$mx_0 \dagger ym'_0 \quad ¶\ xy_0 \qquad \text{fig. I.}$$

结论为：没有照片是令人满意的。

15. 所有苍白的人都是冷漠的；没有诗人不是苍白的。

论域为“人”；m = 苍白的；x = 冷漠的；y = 诗人。

$$m_1x'_0 \dagger m'y_0 \quad ¶\ x'y_0 \qquad \text{fig. I.}$$

结论为：所有诗人都是冷漠的。

16. 没有守财奴是快乐的；有些守财奴是瘦弱的。

论域为“人”；m = 守财奴；x = 快乐的；y = 瘦弱的。

$$mx_0 \dagger my_1 \quad ¶\ x'y_1 \qquad \text{fig. II.}$$

结论为：有些瘦弱的人不快乐。

17. 没有自律的人不是好脾气的；有些法官不是好脾气的。

论域为“人”；m = 好脾气的；x = 自律的；y = 法官。

$$xm'_0 \dagger ym'_1 \quad ¶\ x'y_1 \qquad \text{fig. II.}$$

结论为：有些法官不是自律的人。

18. 所有猪都是肥胖的；那些吃大麦粥的都不是肥胖的。

论域为“事物”；m = 肥胖的；x = 猪；y = 吃大麦粥的。

$$x_1m'_0 \dagger ym_0 \quad ¶\ x_1y_0 \qquad \text{fig. I }(\alpha).$$

结论为：所有猪都不吃大麦粥。

19. 所有不贪吃的兔子都是黑色的；没有老年的兔子不贪吃。

论域为“兔子”；m = 贪吃的；x = 黑色的；y = 老年的。

$$m'_1x'_0 \dagger ym'_0 \quad ¶\ xy'_1 \qquad \text{fig. III.}$$

结论为：有些黑色的兔子不是老年的。

20. 有些照片不是首次尝试的；没有首次尝试是很好的。

论域为“事物”；m = 首次尝试的；x = 照片；y = 很好的。

$$xm'_1 \dagger my_0 \quad \P \text{ nothing.}$$

无结论。[一个特称前提而中项撇号不同的谬误。]

21. 我从不忽视那些重要的生意；你的生意是不重要的。

论域为“生意”；m=重要的；x=被我忽视的；y=你的。

$$mx_0 \dagger y_1m_0 \quad \P \text{ nothing.}$$

无结论。[中项撇号相同而未断定存在性的谬论。]

22. 有些课程是困难的；困难的事物都需要注意。

论域为“事物”；m=困难的；x=课程；y=需要注意的。

$$xm_1 \dagger m_1y'_0 \quad \P\ xy_1 \quad \text{fig. II.}$$

结论为：有些课程需要注意。

23. 所有聪明的人都是受欢迎的；所有热情的人都是受欢迎的。

论域为“人”；m=受欢迎的；x=聪明的；y=热情的。

$$x_1m'_0 \dagger y_1m'_0 \quad \P \text{ nothing.}$$

无结论。[中项撇号相同而未断定存在性的谬论。]

24. 粗心的人招灾惹祸；细心的人不忘承诺。

论域为“人”；m=细心的；x=招灾惹祸的；y=忘记承诺的。

$$m'_1x'_0 \dagger my_0 \quad \P\ x'y_0$$

结论为：忘记承诺的人招灾惹祸。

第 6 节习题的解法

1. $xm_1 \dagger my'_0$ ¶ xy_1 fig. II. 结论正确。
2. 2. $x_1m'_0 \dagger ym'_0$ 中项相同但未断定存在性的谬误。
3. $xm'_1 \dagger y'_1m'_0$ ¶ xy_1 fig. II. 结论正确。

4. $x_1m'_0 \dagger ym_0$ ¶ x_1y_0 fig. I（α）. 结论正确。
5. $m'x'_1 \dagger m'y_0$ ¶ $x'y'_1$ fig. II. 结论正确。
6. $x'm_0 \dagger y_1m_0$ 中项相同但未断定存在性的谬误。
7. $m'x'_1 \dagger y'_1m_0$ 中项不同且有一个特称前提的谬误。
8. $m'x'_0 \dagger y'_1m_0$ ¶ $y'_1x'_0$ fig. I（α）. 结论正确。
9. $mx'_1 \dagger my_0$ ¶ $x'y'_1$ fig. II. 结论正确。
10. $m'_1x_0 \dagger m'_1y'_0$ ¶ $x'y_1$ fig. III. 结论正确。
11. $x_1m_0 \dagger ym_1$ ¶ $x'y_1$ fig. II. 结论正确。

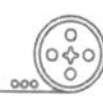

12. $xm_0 \dagger m'y'_0$ ¶ xy'_0 fig. I. 结论正确。
13. $xm_0 \dagger y'_1m'_0$ ¶ y'_1x_0 fig. I (α). 结论正确。
14. $m'_1x_0 \dagger m'_1y'_0$ ¶ $x'y_1$ fig. III. 结论正确。
15. $mx'_1 \dagger y_1m_0$ ¶ $x'y'_1$ fig. II. 结论正确。
16. $x'm_0 \dagger y'_1m_0$ 中项相同但未断定存在性的谬误。
17. $m'x_0 \dagger m'_1y_0$ ¶ $x'y'_1$ fig. III. 结论正确。
18. $x'm_0 \dagger my_1$ ¶ xy_1 fig. II. 结论正确。
19. $mx'_1 \dagger m_1y'_0$ ¶ $x'y_1$ fig. II. 结论正确。
20. $x'm'_0 \dagger m'y'_1$ ¶ xy'_1 fig. II. 结论正确。
21. $mx_0 \dagger m_1y_0$ ¶ $x'y'_1$ fig. III. 结论正确。
22. $x'_1m'_0 \dagger ym'_1$ ¶ xy_1 fig. II.
结论错误。应为 Some x are y.
23. $m_1x'_0 \dagger m'y'_0$ ¶ $x'y'_0$ fig. I. 结论正确。
24. $x_1m_0 \dagger m'_1y'_0$ ¶ $x_1y'_0$ fig. I (α). 结论正确。
25. $xm'_0 \dagger m_1y'_0$ ¶ xy'_0 fig. I. 结论正确。
26. $m_1x_0 \dagger y_1m'_0$ ¶ y_1x_0 fig. I (α). 结论正确。
27. $x_1m'_0 \dagger my'_0$ ¶ $x_1y'_0$ fig. I (α). 结论正确。
28. $x_1m'_0 \dagger y'm'_0$ 中项相同但未断定存在性的谬误。
29. $x'm_0 \dagger m'y'_0$ ¶ $x'y'_0$ fig. I. 结论正确。
30. $x_1m'_0 \dagger m_1y_0$ ¶ x_1y_0 fig. I (α). 结论正确。
31. $x'_1m_0 \dagger y'm'_0$ ¶ $x'_1y'_0$ fig. I (α). 结论正确。
32. $xm_0 \dagger y'm'_0$ ¶ xy'_0 fig. I. 结论正确。
33. $m_1x_0 \dagger y'_1m'_0$ ¶ y'_1x_0 fig. I (α). 结论正确。
34. $x_1m_0 \dagger ym'_1$ 中项不同且有一个特称前提的谬误。
35. $xm_1 \dagger m_1y'_0$ ¶ xy_1 fig. II. 结论正确。
36. $m_1x_0 \dagger y_1m'_0$ ¶ y_1x_0 fig. I (α). 结论正确。
37. $mx'_0 \dagger m_1y_0$ ¶ xy'_1 fig. III. 结论正确。
38. $xm_0 \dagger my'_0$ 中项相同但未断定存在性的谬误。
39. $mx_0 \dagger my'_1$ ¶ $x'y'_1$ fig. II. 结论正确。
40. $mx'_0 \dagger ym_1$ ¶ xy_1 fig. II. 结论正确。

第7节习题的解法

1. 没有医生是热情的；你是热情的。你不是医生。

论域为“人”；m=热情的；x=医生；y=你。

$$xm_0 \dagger y_1m'_0 \quad \P\ y_1x_0 \qquad \text{fig. I}\ (\alpha).$$

结论正确。

2. 字典都是有用的；有用的书都是高价的。字典都是高价的。

论域为“图书”；m=有用的；x=字典；y=高价的。

$$x_1m'_0 \dagger m_1y'_0 \quad \P\ x_1y'_0 \qquad \text{fig. I}\ (\alpha).$$

结论正确。

3. 没有守财奴是无私的；只有守财奴才保存蛋壳。没有无私的人保存蛋壳。

论域为“人”；m=守财奴；x=自私的；y=保存蛋壳的。

$$mx'_0 \dagger m'y_0 \quad \P\ x'y_0 \qquad \text{fig. I}.$$

结论正确。

4. 有些美食家是不大方的；我的叔叔都是大方的。我的叔叔都不是美食家。

论域为“人”；m=大方的；x=美食家；y=我的叔叔们。

$$xm'_1 \dagger y_1m'_0 \quad \P\ xy'_1 \qquad \text{fig. II}.$$

结论错误。正确的结论是“有些美食家不是我的叔叔”。

5. 黄金都是沉重的；只有黄金才能使他安静。所有轻飘的事物都不能使他安静。

论域为“事物”；m=黄金；x=沉重的；y=能让他安静的。

$$m_1x'_0 \dagger m'y_0 \quad \P\ x'y_0 \qquad \text{fig. I}.$$

结论正确。

6. 有些健康的人是肥胖的；不健康的人都不是强壮的。有些肥胖的人不是强壮的。

论域为“人”；m=健康的；x=肥胖的；y=强壮的。

$$mx_1 \dagger m'y_0$$

无结论。[一个特称前提而中项撇号不同的谬误。]

7. 我读过的都在报纸上；所有报纸都是谎言。它们是谎言。

论域为“出版物”；m=报纸；x=我读过的；y=谎言。

$$x_1m'_0 \dagger m_1y'_0 \quad \P\ x_1y'_0 \qquad \text{fig. I}\ (\alpha).$$

结论错误。正确的是“我读过的出版物都是谎言”。

8. 有些领带不是艺术品；我欣赏所有的艺术品。有些领带是我不欣赏的。

论域为“事物”；m=艺术品；x=领带；y=我欣赏的。

$$xm'_1 \dagger m_1y'_0$$

无结论。[一个特称前提而中项撇号不同的谬误。]

9. 他的歌曲不是连续一小时的；连续一小时的歌曲是乏味的。他的歌曲不是乏味的。

论域为“歌曲”；m=连续1小时的；x=他的；y=乏味的。

$$x_1m_0 \dagger m_1y'_0 \quad \P\ x'y_1 \qquad \text{fig. III.}$$

结论错误。正确的答案是“有些乏味的歌曲不是他的”。

10. 有些蜡烛发光很少；蜡烛都发光。有些事物是发光的但它发光很少。

论域为“事物”；m=蜡烛；x=发光很少的；y=发光的。

$$mx_1 \dagger m_1y'_0 \quad \P\ xy_1 \qquad \text{fig. II.}$$

结论正确。

11. 所有渴望学习的人都努力工作；这班男孩里有些人努力工作。这班男孩里有些人渴望学习。

论域为“人”；m=努力工作的；x=渴望学习的；y=这班男孩。

$$x_1m'_0 \dagger ym_1$$

无结论。[一个特称前提而中项撇号不同的谬误。]

12. 狮子都是凶猛的；有些狮子不喝咖啡。有些喝咖啡的动物并不凶猛。

论域为“动物”；m=狮子；x=凶猛的；y=喝咖啡的动物。

$$m_1x'_0 \dagger my'_1 \quad \P\ xy'_1 \qquad \text{fig. II.}$$

结论错误。正确结论是“有些凶猛的动物不喝咖啡”。

13. 守财奴都不大方；有些老人是不大方的。有些老人是守财奴。

论域为“人”；m=大方的；x=守财奴；y=老年人。

$$xm_0 \dagger ym'_1$$

无结论。[一个特称前提而中项撇号不同的谬误。]

14. 没有化石可以在爱情中交配；牡蛎可以在爱情中交配。牡蛎不是化石。

论域为“事物”；m=可以在爱情中交配的；x=化石；y=牡蛎。

$$xm_0 \dagger y_1m'_0 \quad \P\ y_1x_0 \qquad \text{fig. I}(\alpha).$$

结论正确。

15. 所有未受过教育的人都是肤浅的；学生都受过教育。没有学生是肤浅的。

论域为“人”；m=受过教育的；x=肤浅的；y=学生。

$$m'_1x'_0 \dagger y_1m'_0 \quad \P\ xy'_1 \qquad \text{fig. III.}$$

结论错误。正确结论是“有些肤浅的人不是学生”。

16. 所有小羊都跳跃；如果小动物不跳跃，那么它们不是健康的。所有小羊都是健康的。

论域为“小动物”；m=跳跃的小动物；x=羔羊；y=健康的。

$$x_1m'_0 \dagger m'y_0$$

无结论。[中项撇号相同而未断定存在性的谬误。]

17. 经营不善都是无利可图的；铁路公司都不是管理不善的。所有铁路公司都是有利可图的。

论域为“公司”；m=管理不善的；x=有利可图的；y=铁路公司。

$$m_1x_0 \dagger y_1m_0 \quad \P\ x'y'_1 \qquad \text{fig. III.}$$

结论错误。正确结论是“铁路公司以外的是有利可图的”。

18. 没有教授是无知的；所有无知的人都是虚荣的。没有教授是虚荣的。

论域为“人”；m=无知的；x=教授；y=虚荣的。

$$xm_0 \dagger m_1y'_0 \quad \P\ x'y_1 \qquad \text{fig. III.}$$

结论错误。正确结论是“有些虚荣的人不是教授”。

19. 谨慎的人都躲开鬣狗；没有银行家是轻率的。没有银行家不躲开鬣狗。

论域为“人”；m=谨慎的；x=躲开鬣狗的；y=银行家。

$$m_1x'_0 \dagger ym'_0 \quad \P\ x'y_0 \qquad \text{fig. I.}$$

结论正确。

20. 所有黄蜂都不友好；没有小狗是不友好的。没有小狗是黄蜂。

论域为“生物”；m=友好的；x=黄蜂；y=小狗。

$$x_1m_0 \dagger ym'_0 \quad \P\ x_1y_0 \qquad \text{fig. I}(\alpha).$$

结论不完整。完整的结论还有“黄蜂都不是小狗”。

21. 没有犹太人是诚实的；有些非犹太人是富有的。有些富人不诚实。

论域为“人”；m=犹太人；x=诚实的；y=富有的。

$$mx_0 \dagger m'y_1$$

无结论。[一个特称前提而中项撇号不同的谬误。]

22. 没有懒惰的人能赢得名声；有些画家是不懒惰的。有些画家能赢得名声。

论域为“人”；m=懒惰的；x=能赢得名声的；y=画家。

$$mx_0 \dagger ym'_1$$

无结论。[一个特称前提而中项撇号不同的谬误。]

23. 没有猴子是士兵；所有猴子都淘气。有些淘气的动物不是士兵。

论域为“动物”；m=猴子；x=士兵；y=淘气的。

$$mx_0 \dagger m_1y'_0 \quad ¶ \ x'y_1 \qquad \text{fig. III.}$$

结论是对的。

24. 所有这些糖果都是奶油巧克力；这些糖果都是可口的。奶油巧克力都是可口的。

论域为“食品”；m=这些糖果；x=奶油巧克力；y=可口的。

$$m_1x'_0 \dagger m_1y'_0 \quad ¶ \ xy_1 \qquad \text{fig. III.}$$

结论错误。正确结论为“有些奶油巧克力是可口的”。

25. 没有松饼是有益健康的；所有面包都无益健康。面包都不是松饼。

论域为“食品”；m=有益健康的；x=松饼；y=面包。

$$xm_0 \dagger y_1m_0$$

没有结论。[中项撇号相同而未断定存在性的谬论。]

26. 有些未授权的报告是虚假的；所有已授权的报告都是可信的。有些虚假报告是不可信的。

论域为“报告”；m=已授权的；x=真实的；y=可信的。

$$m'x'_1 \dagger m_1y'_0$$

没有结论。[一个特称前提而中项撇号不同的谬误。]

27. 有些枕头是柔软的；没有扑克是柔软的。有些扑克不是枕头。

论域为“事物”；m=柔软的；x=枕头；y=扑克。

$$xm_1 \dagger ym_0 \quad ¶ \ xy'_1 \qquad \text{fig. II.}$$

结论错误。正确的结论是“有些枕头不是扑克”。

28. 不可能发生的故事都是不容易相信的；他的故事都是不可能发生的。他的故事都不是容易相信的。

论域为“故事”；m=可能发生的；x=容易相信的；y=他的。

$$m'_1x_0 \dagger ym_0 \quad ¶ \ xy_0 \qquad \text{fig. I.}$$

结论是对的。

29. 没有小偷是诚实的；有些不诚实的人被发现了。有些小偷被发现了。

论域为“人”；m=诚实的；x=小偷；y=被发现了的。

$$xm_0 \dagger m'y_1$$

没有结论。[一个特称前提而中项撇号不同的谬误。]

30. 没有松饼是有益健康的；所有松软的食物都无益健康。所有松饼都是松软的。

论域是“食物”；m=有益健康的；x=松饼；y=松软的。

$$xm_0 \dagger y_1m_0$$

没有结论。[中项撇号相同而未断定存在性的谬论。]

31. 孔雀以外的鸟都是不炫耀尾巴的；有些炫耀尾巴的鸟不会唱歌。有些孔雀不会唱歌。

论域为“鸟”；m=炫耀尾巴的；x=孔雀；y=不会唱歌的。

$$x'm_0 \dagger my'_1 \quad ¶\ xy'_1 \qquad \text{fig. II.}$$

结论正确。

32. 热敷都是止痛的；不止痛的都不是对牙痛有用的。热敷是对牙痛有用的。

论域为“疗法”；m=止痛的；x=热敷的；y=牙痛有用的。

$$x_1m'_0 \dagger m'y_0$$

没有结论。[中项撇号相同而未断定存在性的谬论。]

33. 没有破产者是富人；有些商人不是破产者。有些商人是富人。

论域为“人”；m=破产者；x=富人；y=商人。

$$mx_0 \dagger ym'_1$$

没有结论。[一个特称前提而中项撇号不同的谬误。]

34. 啰唆的人都是可怕的；没有啰唆的人是被人喜欢的。

没有可怕的人是被人喜欢的。

论域为“人”；m=啰唆的；x=可怕的；y=被人喜欢的。

$$m_1x'_0 \dagger my_0 \quad ¶\ xy'_1 \qquad \text{fig. III.}$$

结论错误。正确的结论是“有些可怕的人不是被人喜欢的”。

35. 所有聪明的人都是用脚走路；所有不聪明的人都是用手走路。

没有人手脚并用走路。

论域为“人”；m=聪明的；x=用脚走路的；y=用手走路的。

$$m_1x'_0 \dagger m'_1y'_0 \quad ¶\ x'y'_0 \qquad \text{fig. I.}$$

结论错误。正确的结论是“没有人走路手脚都不用”。（即所有不用手走路的都是用脚走路的，所有不用脚走路的都是用手走路的。）

36. 没有手推车是舒适的；没有不舒适的车辆是受欢迎的。没有手推车是受欢迎的。

论域为“车辆”；m=舒适的；x=手推车；y=受欢迎的。

$$xm_0 \dagger m'x_0 \quad ¶\ xy_0 \qquad \text{fig. I.}$$

结论正确。

37. 没有青蛙是浪漫的；有些鸭子不浪漫。有些鸭子不是青蛙。

论域为“生物”；m=浪漫的；x=青蛙；y=鸭子。

$$xm_0 \dagger ym'_1$$

没有结论。[一个特称前提而中项撇号不同的谬误。]

38. 没有皇帝是牙医；所有牙医都是孩子害怕的。没有皇帝是孩子害怕的。

论域为“人”；m=牙医；x=皇帝；y=孩子害怕的。

$$xm_0 \dagger m_1y'_0 \quad ¶\ x'y_1 \qquad \text{fig. III.}$$

结论错误。正确的结论是“有些孩子害怕的人不是皇帝。”

39. 糖都是甜的；盐都不是甜的。盐都不是糖。

论域为“事物”；m=甜的；x=糖；y=盐。

$$x_1m'_0 \dagger y_1m_0 \quad ¶\ (x_1y_0 \dagger y_1x_0) \qquad \text{fig. I}(\beta).$$

结论不完整。其省略的部分是“糖都不是盐”。

40. 每只鹰都会飞；有些猪不会飞。有些猪不是鹰。

论域为“生物”；m=会飞的；x=鹰；y=猪。

$$x_1m'_0 \dagger ym'_1 \quad ¶\ x'y_1 \qquad \text{fig. II.}$$

结论正确。

第 8 节习题的解法①

1. $1cd_0 \dagger 2a_1d'_0 \dagger 3b_1c'_0$；

$$1cd \dagger 2ad' \dagger 3bc' \quad ¶\ ab_0 \dagger a_1 \dagger b_1 \quad i.\ e.\ ¶\ a_1b_0 \dagger b_1a_0$$

2. $1d_1b'_0 \dagger 2ac'_0 \dagger 3bc_0$；

$$1db' \dagger 3bc \dagger 2ac' \quad ¶\ da_0 \dagger d_1 \quad i.\ e.\ ¶\ d_1a_0$$

3. $1ba_0 \dagger 2cd'_0 \dagger 3d_1b'_0$；

$$1ba \dagger 3db' \dagger 2cd' \quad ¶\ ac_0$$

① 多佛版原文里，有些题目的撇号有错误，已改正：30，32，36，39，43，52，55，57。第 40 题里 1 式 3 式的字母 a 应改为 b。

4. $1bc_0 \dagger 2a_1b'_0 \dagger 3c'd_0$;

$$1bc \dagger 2ab' \dagger 3c'd \quad ¶\ ad_0 \dagger a_1 \quad i.\ e.\ ¶\ a_1d_0$$

5. $1b'_1a_0 \dagger 2bc_0 \dagger 3a'd_0$;

$$1b'a \dagger 2bc \dagger 3a'd \quad ¶\ cd_0$$

6. $1a_1b_0 \dagger 2b'c_0 \dagger 3d_1a'_0$;

$$1ab \dagger 2b'c \dagger 3da' \quad ¶\ cd_0 \dagger d_1 \quad i.\ e.\ ¶\ d_1c_0$$

7. $1db'_0 \dagger 2b_1a'_0 \dagger 3cd'_0$;

$$1db' \dagger 2ba' \dagger 3cd' \quad ¶\ a'c_0$$

8. $1b'd_0 \dagger 2a'b_0 \dagger 3c_1d'_0$;

$$1b'd \dagger 2a'b \dagger 3cd' \quad ¶\ a'c_0 \dagger c_1 \quad i.\ e.\ ¶\ c_1a'_0$$

9. $1b'_1a'_0 \dagger 2ad_0 \dagger 3b_1c'_0$;

$$1b'a' \dagger 2ad \dagger 3bc' \quad ¶\ dc'_0$$

10. $1cd_0 \dagger 2b_1c'_0 \dagger 3ad'_0$;

$$1cd \dagger 2bc' \dagger 3ad' \quad ¶\ ba_0 \dagger b_1 \quad i.\ e.\ ¶\ b_1a_0$$

11. $1bc_0 \dagger 2d_1a'_0 \dagger 3c'_1a_0$;

$$1bc \dagger 3c'a \dagger 2da' \quad ¶\ bd_0 \dagger d_1 \quad i.\ e.\ ¶\ d_1b_0$$

12. $1cb'_0 \dagger 2c'_1d_0 \dagger 3b_1a'_0$;

$$1cb' \dagger 2c'd \dagger 3ba' \quad ¶\ da'_0$$

13. $1d_1e'_0 \dagger 2c_1a'_0 \dagger 3bd'_0 \dagger 4e_1a_0$;

$$1de' \dagger 3bd' \dagger 4ea \dagger 2ca' \quad ¶\ bc_0 \dagger c_1 \quad i.\ e.\ ¶\ c_1b_0$$

14. $1c_1b'_0 \dagger 2a_1e'_0 \dagger 3d_1b_0 \dagger 4a'_1c'_0$;

$$1cb' \dagger 3db \dagger 4a'c' \dagger 2ae' \quad ¶\ de'_0 \dagger d_1 i.\ e.\ ¶\ d_1e'_0$$

15. $1b'd_0 \dagger 2e_1c'_0 \dagger 3b_1a'_0 \dagger 4d'_1c_0$;

$$1b'd \dagger 3ba' \dagger 4d'c \dagger 2ec' \quad ¶\ a'e_0 \dagger e_1 i.\ e.\ ¶\ e_1a'_0$$

16. $1a'e_0 \dagger 2d_1c_0 \dagger 3a_1b'_0 \dagger 4e'_1d'_0$;

$$1a'e \dagger 3ab' \dagger 4e'd' \dagger 2dc \quad ¶\ b'c_0$$

17. $1d_1c'_0 \dagger 2a_1e'_0 \dagger 3bd'_0 \dagger 4c_1e_0$;

$$1dc' \dagger 3bd' \dagger 4ce \dagger 2ae' \quad ¶\ ba_0 \dagger a_1 i.\ e.\ ¶\ a_1b_0$$

18. $1a_1b'_0 \dagger 2d_1e'_0 \dagger 3a'_1c_0 \dagger 4be$;

$$1ab' \dagger 3a'c \dagger 4be \dagger 2de' \quad ¶\ cd_0 \dagger d_1 \quad i.\ e.\ ¶\ d_1c_0$$

19. $1bc_0 \dagger 2e_1h'_0 \dagger 3a_1b'_0 \dagger 4dh_0 \dagger 5e'_1c'_0$;

$1bc \dagger 3ab' \dagger 5e'c' \dagger 2eh' \dagger 4dh \quad \P\ ad_0 \dagger a_1 \quad$ i. e. $\P\ a_1d_0$

20. $1dh'_0 \dagger 2ce_0 \dagger 3h_1b'_0 \dagger 4ad'_0 \dagger 5be'_0$;

$1dh' \dagger 3hb' \dagger 4ad' \dagger 5be' \dagger 2ce \quad \P\ ac_0$

21. $1b_1a'_0 \dagger 2dh_0 \dagger 3ce_0 \dagger 4ah'_0 \dagger 5c'_1b'_0$;

$1ba' \dagger 4ah' \dagger 2dh \dagger 5c'b' \dagger 3ce \quad \P\ de_0$

22. $1e_1d_0 \dagger 2b'h'_0 \dagger 3c'_1d'_0 \dagger 4a_1e'_0 \dagger 5ch$;

$1ed \dagger 3c'd' \dagger 4ae' \dagger 5ch \dagger 2b'h' \quad \P\ ab'_0 \dagger a_1 \quad$ i. e. $\P\ a_1b_0$

23. $1b'_1a_0 \dagger 2de'_0 \dagger 3h_1b_0 \dagger 4ce_0 \dagger 5d'_1a'_0$;

$1b'a \dagger 3hb \dagger 5d' \dagger 2e' \dagger 4ce \quad \P\ hc_0 \dagger h_1 \quad$ i. e. $\P\ h_1c$

24. $1h'_1k_0 \dagger 2b'a_0 \dagger 3c_1d'_0 \dagger 4e_1h_0 \dagger 5dk'_0 \dagger 6bc'_0$;

$1h'k \dagger 4eh \dagger 5dk' \dagger 3cd' \dagger 6bc' \dagger 2b'a \quad \P\ ea_0 \dagger e_1 \quad$ i. e. $\P\ e_1a_0$

25. $1a_1d'_0 \dagger 1k_1b'_0 \dagger 1e_1h'_0 \dagger 1a'b_0 \dagger 5d_1c'_0 \dagger 6h_1k'_0$;

$1ad' \dagger 4a'b \dagger 2kb' \dagger 5dc' \dagger 6hk' \dagger 3eh' \quad \P\ c'e_0 \dagger e_1 \quad$ i. e. $\P\ e_1c'_0$

26. $1a'_1h'_0 \dagger 2d'k'_0 \dagger 3e_1b_0 \dagger 4hk_0 \dagger 5a_{10} \dagger 6b'd_0$;

$1a'h' \dagger 4hk \dagger 2d'k' \dagger 5ac' \dagger 6b'd \dagger 3eb \quad \P\ c'e_0 \dagger e_1 \quad$ i. e. $\P\ e_{10}$

27. $1e_1d_0 \dagger 2hb_0 \dagger 3a'_1k'_0 \dagger 4ce'_0 \dagger 5b'_1d'_0 \dagger 6ac'_0$;

$1ed \dagger 4ce' \dagger 5b'd' \dagger 2hb \dagger 6ac' \dagger 3a'k' \quad \P\ hk'_0$

28. $1a'k_0 \dagger 2e_1b'_0 \dagger 3hk'_0 \dagger 4d'c_0 \dagger 5ab_0 \dagger 6c'_1h'_0$;

$1a'k \dagger 3hk' \dagger 5ab \dagger 2eb' \dagger 6c'h' \dagger 4d'c \quad \P\ ed'_0 \dagger e_1 \quad$ i. e. $\P\ e_1d'_0$

29. $1ek_0 \dagger 2b'm_0 \dagger 3ac'_0 \dagger 4h'_1e'_0 \dagger 5d_1k'_0 \dagger 6cb_0 \dagger 7d'_1l'_0 \dagger 8hm'_0$;

$1ek \dagger 4h'e' \dagger 5dk' \dagger 7d'l' \dagger 8m' \dagger 2b'm \dagger 6cb \dagger 3ac' \quad \P\ l'a_0$

30. $1n_1m'_0 \dagger 2a'_1e'_0 \dagger 3c'l_0 \dagger 5k_1r_0 \dagger 5ah'_0 \dagger 6dl'_0 \dagger 7cn'_0 \dagger 8e_1b'_0 \dagger 9m_1r'_0 \dagger 10h_1d'_0$;

$1nm' \dagger 7cn' \dagger 3c'l \dagger 6dl' \dagger 9mr' \dagger 4kr \dagger 10hd' \dagger 5ah' \dagger 2a'e' \dagger 8eb'$

$\P\ kb'_0 \dagger k_1 \quad$ i. e. $\P\ k_1b'_0$

第 9 节习题的解法

1. $1b_1d_0 \dagger 2ac_0 \dagger 3d'_1c'_0$;

$1bd \dagger 3d'c' \dagger 2ac \quad \P\ ba_0 \dagger b_1$, 　i. e. $\P\ b_1a_0$

i. e. 婴儿无法训练鳄鱼。

2. $1a_1b'_0 \dagger 2d_1c'_0 \dagger 3bc_0$;

$1ab' \dagger 3bc \dagger 2dc' \quad \P\ ad_0 \dagger d_1$, 　i. e. $\P\ d_1a_0$

i. e. 你的礼物不是镀锡的。

3. $1da_0 \dagger 2c_1b'_0 \dagger 3a'b_0$；

$1da \dagger 3a'b \dagger 2cb'$ ¶ $dc_0 \dagger c_1$， i. e. ¶ c_1d_0

i. e. 这盘土豆都是煮熟的。

4. $1ba_0 \dagger 2b'd_0 \dagger 3c_1a'_0$；

$1ba \dagger 2b'd \dagger 3ca'$ ¶ $dc_0 \dagger c_1$， i. e. ¶ c_1d_0

i. e. 我的仆人从不说“耳勺”。

5. $1ad_0 \dagger 2cd'_0 \dagger 3b_1a'_0$；

$1ad \dagger 2cd' \dagger 3ba'$ ¶ $cb_0 \dagger b_1$， i. e. ¶ b_1c_0

i. e. 我的家禽不是警察。

6. $1c_1a'_0 \dagger 2c'b_0 \dagger 3da_0$；

$1ca' \dagger 2c'b \dagger 3da$ ¶ bd_0

i. e. 你的儿子都不是陪审员。

7. $1cb_0 \dagger 2da_0 \dagger 3b'_1a'_0$；

$1cb \dagger 3b'a' \dagger 2da$ ¶ cd_0

i. e. 我的铅笔不是糖果。

8. $1cb'_0 \dagger 2d_1a'_0 \dagger 3ba_0$；

$1cb' \dagger 3ba \dagger 2da'$ ¶ $cd_0 \dagger d_1$， i. e. ¶ d_1c_0

i. e. 詹金斯没有经验。

9. $1cd_0 \dagger 2d'a_0 \dagger 3c'b_0$；

$1cd \dagger 2d'a \dagger 3c'b$ ¶ ab_0

i. e. 彗星没有卷尾巴。

10. $1d'c_0 \dagger 2ba_0 \dagger 3a'_1d_0$；

$1d'c \dagger 3a'd \dagger 2ba$ ¶ cb_0

i. e. 没有刺猬接受《纽约时报》。

11. $1b_1a'_0 \dagger 2c_1b'_0 \dagger 3ad_0$；

$1ba' \dagger 2cb' \dagger 3ad$ ¶ $cd_0 \dagger c_1$， i. e. ¶ c_1d_0

i. e. 这盘里的食品无益健康。

12. $1b_1c'_0 \dagger 2d'a_0 \dagger 3a'c_0$；

$1bc' \dagger 3a'c \dagger 2d'a$ ¶ $bd'_0 \dagger b_1$， i. e. ¶ $b_1d'_0$

i. e. 我的园丁非常老了。

13. 1$a_1d'_0$ † 2bc_0 † 3c'_1d_0;

1ad' † 3$c'd$ † 2bc　¶ ab_0 † a_1,　i. e. ¶ a_1b_0

i. e. 所有蜂鸟都是小型的。

14. 1$c'b_0$ † 2$a_1d'_0$ † 3ca'_0;

1$c'b$ † 3ca' † 2ad'　¶ bd'_0

i. e. 没有鹰钩鼻的人是不赚钱的。

15. 1$b_1a'_0$ † 2b'_1d_0 † 3ca_0;

1ba' † 2$b'd$ † 3ca　¶ dc_0

i. e. 灰色鸭子都不是白脖圈的。

16. 1$d_1b'_0$ † 2cd'_0 † 3ba_0;

1db' † 2cd' † 3ba　¶ ca_0

i. e. 这个柜子里的大罐子都不能保持水分。

17. 1b'_1d_0 † 2$c_1d'_0$ † 3ab_0;

1$b'd$ † 2cd' † 3ab　¶ ca_0 † c_1,　i. e. ¶ c_1a_0

i. e. 这筐苹果都是在阳光下生长的。

18. 1$d'_1b'_0$ † 2c_1b_0 † 3$c'a_0$;

1$d'b'$ † 2cb † 3$c'a$　¶ $d'a_0$ † d'_1,　i. e. ¶ d'_1a_0

i. e. 不喜欢趴着的小狗从不专心织毛衣。

19. 1bd'_0 † 2$a_1c'_0$ † 3$a'd_0$;

1bd' † 3$a'd$ † 2ac'　¶ bc'_0

i. e. 这张名单上的名字都不是不悦耳的。

20. 1$a_1b'_0$ † 2dc_0 † 3$a'_1d'_0$;

1ab' † 3$a'd'$ † 2dc　¶ $b'c_0$

i. e. 所有议员都不参加赛驴会，如果他没有完美的自律。

21. 1bd_0 † 2$c'a_0$ † 3$b'c_0$;

1bd † 3$b'c$ † 2$c'a$　¶ da_0

i. e. 本店正在出售的商品不允许带走。

22. 1$a'b_0$ † 2cd_0 † 3$d'a_0$;

1$a'b$ † 3$d'a$ † 2cd　¶ bc_0

i. e. 四空翻不是新颖的杂技。

23. $1dc'_0 \dagger 2a_1b'_0 \dagger 3bc_0$；

$1dc' \dagger 3bc \dagger 2ab'$ ¶ $da_0 \dagger a_1$， i. e. ¶ a_1d_0

i. e. 豚鼠不会真正欣赏贝多芬。

24. $1a_1d'_0 \dagger 2b'_1c_0 \dagger 3ba'_0$；

$1ad' \dagger 3ba' \dagger 2b'c$ ¶ $d'c_0$

i. e. 没有香味的花都是我不喜欢的。

25. $1c_1d'_0 \dagger 2ba'_0 \dagger 3d_1a_0$；

$1cd' \dagger 3da \dagger 2ba'$ ¶ $cb_0 \dagger c_1$， i. e. ¶ c_1b_0

i. e. 花言巧语的人不是见多识广的。

26. $1ea_0 \dagger 2b_1d'_0 \dagger 3a'_1c_0 \dagger 4e'b'_0$；

$1ea \dagger 3a'c \dagger 4e'b' \dagger 2bd'$ ¶ cd'_0

i. e. 在这所学校里，只有红头发的男生才学希腊语。

27. $1b_1d_0 \dagger 2ac'_0 \dagger 3e_1d'_0 \dagger 4c_1b'_0$；

$1bd \dagger 3ed' \dagger 4cb' \dagger 2ac'$ ¶ $ea_0 \dagger e_1$， i. e. ¶ e_1a_0

i. e. 婚礼蛋糕都是我不喜欢的。

28. $1ad_0 \dagger 2e'_1b'_0 \dagger 3c_1d'_0 \dagger 4e_1a'_0$；

$1ad \dagger 3cd' \dagger 4ea' \dagger 2e'b'$ ¶ $cb'_0 \dagger c_1$， i. e. ¶ $c_1b'_0$

i. e. 汤姆金斯担任主席时正在进行的讨论都危及我们辩论社团的和平。

29. $1d_1a_0 \dagger 2e'c_0 \dagger 3b_1a'_0 \dagger 4d'e_0$；

$1da \dagger 3ba' \dagger 4d'e \dagger 2e'c$ ¶ $bc_0 \dagger b_1$， i. e. ¶ b_1c_0

i. e. 所有贪吃的孩子都是不健康的。

30. $1d_1e_0 \dagger 2c'a_0 \dagger 3b_1e'_0 \dagger 4c_1d'_0$；

$1de \dagger 3be' \dagger 4cd' \dagger 2c'a$ ¶ $ba_0 \dagger b_1$， i. e. ¶ b_1a_0

i. e. 海雀蛋不是值得歌颂的。

31. $1d'b_0 \dagger 2a_1c'_0 \dagger 3c_1e'_0 \dagger 4a'd_0$；

$1d'b \dagger 4a'd \dagger 2ac' \dagger 3ce'$ ¶ be'_0

i. e. 这里出售的书都没有金边，如果它们的定价不是 5 先令以上。

32. $1a'_1c'_0 \dagger 2d_1b_0 \dagger 3a_1e'_0 \dagger 4c_1b'_0$；

$1a'c' \dagger 3ae' \dagger 4cb' \dagger 2db$ ¶ $e'd_0 \dagger d_1$， i. e. ¶ $d_1e'_0$

i. e. 当你割破手指时，你会发现金盏花酊剂是有用的。

33. $1d'b_0 \dagger 2a_1e'_0 \dagger 3ec_0 \dagger 4d_1a'_0$;

$1d'b \dagger 4da' \dagger 2ae' \dagger 3ec \quad \P\ bc_0$

i. e. 我从未遇到过任意一个美人鱼。

34. $1c'_1b_0 \dagger 2a_1e'_0 \dagger 3d_1b'_0 \dagger 4a'_1c_0$;

$1c'b \dagger 3db' \dagger 4a'c \dagger 2ae' \quad \P\ de'_0 \dagger d_1$,　i. e. $\P\ d_1e'_0$

i. e. 这个图书馆里所有的浪漫故事都写得很好。

35. $1e'd_0 \dagger 2c'a_0 \dagger 3eb_0 \dagger 4d'c_0$;

$1e'd \dagger 3eb \dagger 4d'c \dagger 2c'a \quad \P\ ba_0$

i. e. 这个鸟场里的鸟都不吃肉饼。

36. $1d'_1c'_0 \dagger 2e_1a'_0 \dagger 3c_1b_0 \dagger 4e'd_0$;

$1d'c' \dagger 3cb \dagger 4e' \dagger 2ea' \quad \P\ ba'_0$

i. e. 在笼屉布中未蒸熟的布丁都是与汤相同的。

37. $1ce'_0 \dagger 2b'a'_0 \dagger 3h_1d'_0 \dagger 4ae_0 \dagger 5bd_0$;

$1ce' \dagger 4ae \dagger 2b'a' \dagger 5bd \dagger 3hd' \quad \P\ ch_0 \dagger h_1$,　i. e. $\P\ h_1c_0$

i. e. 你写的诗都很乏味。

38. $1b'_1a'_0 \dagger 2db_0 \dagger 3he'_0 \dagger 4ec_0 \dagger 5a_1h'_0$;

$1b'a' \dagger 2db \dagger 5ah' \dagger 3he' \dagger 4ec \quad \P\ dc_0$

i. e. 我的桃子都不是温室中生长的。

39. $1c_1d_0 \dagger 2h_1e'_0 \dagger 3c'_1a'_0 \dagger 4h'b_0 \dagger 5e_1d'_0$;

$1d \dagger 3c'a' \dagger 5ed' \dagger 2he' \dagger 4h'b \quad \P\ a'b_0$

i. e. 当铺老板都不诚实。

40. ①

i. e. 绿色眼睛的小猫都不喜欢和大猩猩玩耍。

41. $1c_1a'_0 \dagger 2h'b_0 \dagger 3ae_0 \dagger 4d_1c'_0 \dagger 5h_1e'_0$;

$1ca' \dagger 3ae \dagger 4dc' \dagger 5he' \dagger 2h'b \quad \P\ db_0 \dagger d_1$,　i. e. $\P\ d_1b_0$

i. e. 我所有的朋友都在低桌上吃饭。

42. $1ca_0 \dagger 2h_1d'_0 \dagger 3c'_1e'_0 \dagger 4b'a'_0 \dagger 5d_1e_0$;

---

① 原文有误，已改正。

$1ca \dagger 3c'e' \dagger 4b'a' \dagger 5de \dagger 2hd'$ ¶ $b'h_0 \dagger h_1$, i. e. ¶ $h_1b'_0$

i. e. 写字台里装满活蝎子。

43. $1e_1b'_0 \dagger 2a'd_0 \dagger 3c_1h'_0 \dagger 4e'a_0 \dagger 5d'h_0$;

$1eb' \dagger 4e'a \dagger 2a'd \dagger 5d'h \dagger 3ch'$ ¶ $b'c_0 \dagger c_1$, i. e. ¶ $c_1b'_0$

i. e. 莎士比亚是聪明的。

44. $1e'_1c'_0 \dagger 2hb'_0 \dagger 3d_1a_0 \dagger 4e_1a'_0 \dagger 5c_1b_0$;

$1e'c' \dagger 4ea' \dagger 3da \dagger 5cb \dagger 2hb'$ ¶ $dh_0 \dagger d_1$, i. e. ¶ d_1h_0

i. e. 彩虹不值得歌颂。

45. $1c'_1h'_0 \dagger 2e_1a_0 \dagger 3bd_0 \dagger 4a'_1h_0 \dagger 5d'c_0$;

$1c'h' \dagger 4a'h \dagger 2ea \dagger 5d'c \dagger 3bd$ ¶ $eb_0 \dagger e_1$, i. e. ¶ e_1b_0

i. e. 这些连锁三段论习题都不简单。

46. $1a'_1e'_0 \dagger 2bk_0 \dagger 3c'a_0 \dagger 4eh'_0 \dagger 5d_1b'_0 \dagger 6k'h_0$;

$1a'e' \dagger 3c'a \dagger 4eh' \dagger 6k'h \dagger 2bk \dagger 5db'$ ¶ $c'd_0 \dagger d_1$,

i. e. ¶ $d_1c'_0$

i. e. 我所有的梦想都变成现实了。

47. $1a'h_0 \dagger 2c'k_0 \dagger 3a_1d'_0 \dagger 4e_1h'_0 \dagger 5b_1k'_0 \dagger 6c_1e'_0$;

$1a'h \dagger 3ad' \dagger 4eh' \dagger 6ce' \dagger 2c'k \dagger 5bk'$ ¶ $d'b_0 \dagger b_1$,

i. e. ¶ $b_1d'_0$

i. e. 这里所有的英国画都是油画。

48. $1k'_1e_0 \dagger 2c_1h_0 \dagger 3b_1a'_0 \dagger 4kd_0 \dagger 5h'a_0 \dagger 6b'_1e'_0$;

$1k'e \dagger 4kd \dagger 6b'e' \dagger 3ba' \dagger 5h'a \dagger 2ch$ ¶ $dc_0 \dagger c_1$,

i. e. ¶ c_1d_0

i. e. 毛驴不能踢到雨燕。

49. $1ab'_0 \dagger 2h'd_0 \dagger 3e_1c_0 \dagger 4b_1d'_0 \dagger 5a'k_0 \dagger 6c'_1h_0$;

$1ab' \dagger 4bd' \dagger 2h'd \dagger 6a'k \dagger 5c'h \dagger 3ec$ ¶ $ke_0 \dagger e_1$,

i. e. ¶ e_1k_0

i. e. 吸食鸦片的人都不戴白色羊皮手套。

50. $1bc_0 \dagger 2k_1a'_0 \dagger 3eh_0 \dagger 4d_1b'_0 \dagger 5h'c'_0 \dagger 6k'_1e'_0$;

$1bc \dagger 4db' \dagger 5h'c' \dagger 3eh \dagger 6k'e' \dagger 2ka'$ ¶ $da'_0 \dagger d_1$,

i. e. ¶ $d_1a'_0$

i. e. 好丈夫总是回家喝茶。

51. $1a'_1k'_0 \dagger 2ch_0 \dagger 3h'_0 \dagger 4b_1d'_0 \dagger 5ea_0 \dagger 6d_1c'_0$

$1a'k' \dagger 3h'k \dagger 2ch \dagger 6dc' \dagger 4bd' \dagger 5ea$ 　　¶ $be_0 \dagger b_1$,

i. e. ¶ b_1e_0

i. e. 游泳更衣车从来都不是珍珠制成的。

52. $1da'_0 \dagger 2k_1b'_0 \dagger 3c_1h_0 \dagger 4d'_1k'_0 \dagger 5e_1c'_0 \dagger 6a_1h'_0$;

$1da' \dagger 4d'k' \dagger 2kb' \dagger 6ah' \dagger 5ch \dagger 3ec'$

¶ $b'e_0 \dagger e_1$,　　　i. e. ¶ $e_1b'_0$

i. e. 下雨天都是多云的。

53. $1kb'_0 \dagger 1a'_1c'_0 \dagger 3d'b_0 \dagger 4k'_1h'_0 \dagger 5ea_0 \dagger 6d_1c_0$;

$1kb' \dagger 3d'b \dagger 4k'h' \dagger 6dc \dagger 2a'c' \dagger 5ea$

¶ $h'e_0$

i. e. 笨重的鱼都不是对孩子不友好的。

54. $1k'_1b'_0 \dagger 2eh'_0 \dagger 3c'd_0 \dagger 4hb_0 \dagger 5ac_0 \dagger 6kd'_0$;

$1k'b' \dagger 4hb \dagger 2eh' \dagger 6kd' \dagger 3c' \dagger 5ac$ 　　¶ ea_0

i. e. 火车司机都不爱吃大麦棒糖。

55. $1h_1b'_0 \dagger 2c_1d'_0 \dagger 3k'a_0 \dagger 4e_1h'_0 \dagger 5b_1a'_0 \dagger 6k_1c'_0$;

$1hb' \dagger 4eh' \dagger 5ba' \dagger 3k'a \dagger 6kc' \dagger 2cd'$

¶ $ed'_0 \dagger e_1$,　　　i. e. ¶ $e_1d'_0$

i. e. 所有在院子里的动物都啃骨头。

56. $1h'_1d'_0 \dagger 2e_1c'_0 \dagger 3k'a_0 \dagger 4cb_0 \dagger 5d_1l'_0 \dagger 6e'h_0 \dagger 7kl_0$;

$1d' \dagger 5dl' \dagger 7kl \dagger 3k'a \dagger 6e'h \dagger 2ec' \dagger 4cb$ 　　¶ ab_0

i. e. 没有獾能猜出难题。

57. $1b'h_0 \dagger 2d'_1l'_0 \dagger 3ca_0 \dagger 4d_1k'_0 \dagger 5h'_1e'_0 \dagger 6mc'_0 \dagger 7a'b_0 \dagger 8ek_0$;

$1b'h \dagger 5h'e' \dagger 7a'b \dagger 3ca \dagger 6mc' \dagger 8ek \dagger 4dk' \dagger 2d'l'$ 　　¶ ml'_0

i. e. 你的支票都是应付给持票人的。

58. $1c_1l'_0 \dagger 2h'e_0 \dagger 3kd_0 \dagger 4mc'_0 \dagger 5b'_1e'_0 \dagger 6n_1a'_0 \dagger 7l_1d'_0 \dagger 8m'b_0 \dagger 9ah_0$;

$1cl' \dagger 4mc' \dagger 7ld' \dagger 3kd \dagger 8m'b \dagger 5b'e' \dagger 2h'e \dagger 9ah \dagger 6na'$

¶ kn_0

i. e. 我不能读懂任意一封布朗的信。

59. $1e_1c'_0$ † $2l_1n'_0$ † $3d_1a'_0$ † $4m'b_0$ † $5ck'_0$ † $6e'r_0$ † $7h_1n_0$ † $8b'k_0$ † $9r'_1d'_0$ † $10m_1l'_0$;

$1ec'$ † $5ck'$ † $6e'r$ † $8b'k$ † $4m'b$ † $9r'd'$ † $3da'$ † $10ml'$ † $2ln'$ † $7hn$

¶ $a'h_0$ † h_1,　　i. e. ¶ $h_1a'_0$

i. e. 我总是避开任意一只袋鼠。

附　录

附录一　第四版序言

[此处介绍了第四版的增补内容。由于未见到第三版，故译文省略。]

总之，我认为，如果你正在被迫学习传统的形式逻辑，以便于通过该科考试，那么你会发现，《符号逻辑》是最有用的考试利器：对于其中大量的晦涩难懂之处，它将提供一盏明灯；对于繁琐的三段论检验，它将提供一套简洁方法。

为了推广普及精妙的逻辑学，我认为，本书是首次尝试①（我在十年前写了一本小书《逻辑的游戏》，出版于 1886 年，但它是一部非常不完整的作品）②。

为了写作这本书，我付出了多年的艰辛努力。但是，如果它能如我所愿真正地有助于年轻人，在学校和家庭里选用本书作为智力游戏的实用教材，那么我将感到万分荣幸。

刘易斯·卡罗尔

斯特兰德，贝德福德街 29 号

1896 年圣诞节

附录二　学生须知

不管这本小书是或不是最有趣的智力游戏，如果读者希望顺利地理解这本书，恳请读者采纳以下规则：

(1) 开始阅读本书的时候，不要让自己满足于一种无聊的好奇心，而蜻蜓点水地随意翻看。这很可能会导致你把它扔到一边，说："这本书太难了！"从而失去了一次巨大的精神享受的机会。这个规则（不要蜻蜓点水），对于其

① 在图式逻辑上，欧拉（Euler）、文恩（Venn）、皮尔士（Peirce）都做出了重要贡献，但是他们都未出版专题著作。

② 《逻辑的游戏》有中译本：王旸译，化学工业出版社，2013 年。

他种类的书也是非常可取的。比如阅读长篇小说，如果随便浏览，你会丢失许多其他乐趣；如果连续阅读，你会遇到许多奇思妙想。我知道，有些人会先看第三卷，看看故事的结局。也许他们想知道，一切都会幸福地结束：那些备受迫害的恋人终究会结婚；他被证明是无辜的；那个邪恶的表弟的阴谋完全失败了，他得到应得的惩罚；印度的有钱叔叔（问：为什么在印度？答：因为，不知何故，叔叔们在其他任何地方都无法发财）恰好在正确的时刻死去。阅读小说时，跳过第一卷，忽略前面的故事，直接阅读第三卷，这样是可以的。但是，阅读科学书籍，这个读法简直就是疯了：你会发现，如果你不按照正常顺序，后面的内容几乎完全无法理解。

（2）不要开始阅读新章节，直到你确定你完全理解了旧章节，而且其中指定的全部或大部分练习题都能正确地解决。如果你意识到，你经过的所有土地都被彻底征服了，没有留下任何未解决的困难（如果有，它们以后肯定会再次出现），那么你的胜利将是轻松愉快的。否则，你会发现，你的困惑越来越严重，直到你厌恶地放弃这件事。

（3）当你遇到一个段落读不懂时，再读一遍；如果还是不懂，请再读一遍；如果读了三遍，还是不懂，很可能你的大脑有点儿累了。这时，最好推开书，干点儿别的事；第二天，重新阅读这个段落，你会高兴地发现，其实这个段落非常简单。

（4）如果可能的话，找个要好的朋友，和你共同阅读这本书，共同讨论其中的疑难问题。相互讨论是解决难题非常好的办法。当我遇到那些完全难倒我的难题（有时是逻辑学的，有时是其他学科的）时，我发现了一个伟大技巧：我独自一个人，大声地自我讨论。每个人都可以向自己清楚地解释。另外，你知道，每个人对自己都非常有耐心，每个人都不会因为自己的愚蠢而生气！

亲爱的读者，如果你能忠实地遵守上述规则，并且公正地评论我的小书，那么，我非常自信地向你保证，你也会发现，《符号逻辑》这本书，即使不是最迷人的智力游戏，也是最迷人的之一！在第一部（即本书）中，我小心翼翼地避免了一些难题；对于 12 岁到 14 岁的中学生来说，这些难题超出了他们的理解能力①。对于这本书的大部分内容，我现场教过许多学生，我发现，他们对逻辑学确实产生了兴趣②。对于那些已经成功掌握第一部的人，如果他们像奥利弗一样“要求更多”，那么我希望，在第二部中③，可提供一些难以打开的坚果和急需的坚果钳子。

为了智力的健康，智力游戏是我们所有人都需要的。毫无疑问，从游戏中，你可以得到很多健康的享受，比如双陆棋（backgammon）④、象棋（chess）⑤ 和新游戏跳棋。但是，当你下棋比赛赢得冠军时，你显然得不到现实可见的任意成果！毫无疑问，你很享受这场胜利的喜悦；但是你既没有值得铭记的成果，也没有看到现实的好处。一直以来，有一座完美的财富宝库，你却从未探索过。一旦掌握了《符号逻辑》这台机器，你手里就有了一个有趣的智力工具，在每个学科里，它都是现实有用的得心应手的工具。它会让你思路清晰，具有看穿谜题的能力，按照有序的方便的形式整理自己的想法。更重要的是，你将会有发现谬误的能力，可以撕碎那些站不住脚的不合理的论证。在书中，或在报纸上，或在演讲中，甚至在布道中，你会经常看到那些谬误，它们很容易欺骗那些不懂这个迷人艺术的人。试试看，这些就是我对你的全部要求！

刘易斯·卡罗尔

斯特兰德，贝德福德街 29 号

1896 年 2 月 21 日

① 这本书适合 12 岁到 14 岁的学生阅读，相当于中国的初中学生。在第四版序言里说，本书也适合高中学生（high school）。

② 1887 年，卡罗尔在牛津女子中学（11 岁以上学生）教授逻辑学课程。参见：池佳. 儿童文学家 Lewis Carroll 的数学世界［D］. 北京：首都师范大学，2008：50。

③ 卡罗尔没有完成《符号逻辑》第二部。

④ 双陆棋主要流行于地中海东部，可追溯到公元前 3000 年。在中国古代（清朝除外）也有流传。卡罗尔的逻辑游戏棋也是模仿了双陆棋。棋盘为四个区域，每个区域内有两种颜色的楔形狭长区。棋子有 15 枚白色的和 15 枚黑色的，可以在狭长区，也可以在分界线上。掷骰子决定行棋步数。

⑤ 此处象棋应该是指国际象棋。棋盘为正方形，共有 64 个小方格。双方各有 16 个棋子。棋子为小雕像，都有特定的走子规则。中国象棋，于宋朝开始定型，流传至今，家喻户晓，现存世大量完整的象棋棋谱。有资料介绍，中国象棋经过蒙古流传到欧洲，形成了国际象棋。

附录三 教师须知

第1节 导言

有几件事情，由于太难而无法与学生讨论，但应该向教师解释清楚，以便于他们彻底了解我的符号方法究竟是什么，与其他各种已经发表的方法比较有哪些不同之处。这些事情如下：

命题主项的“存在含义”；

命题联项“不是”的用法；

“两个否定前提无结论”的理论；

欧拉的图解法；

文恩的图解法；

我的图解法；

三段论的几种解决方法；

我处理三段论和连锁三段论的方法；

预先介绍一下《符号逻辑》第二、三部。

第2节 命题的“存在含义”①

那些逻辑学教科书的作者和编辑（我以后会用“逻辑学家”这个头衔来称呼他们，我希望没有恶意），在这个主题上（存在含义，existential import），他们囿于常规，其观点是低级而且不必要的。当他们“屏住呼吸”，谈论命题的联项的时候，就好像它是一个活生生的有意识的生物，能够表达自己的想法，我们这些可怜的人类却无所事事，只能揣摩它的喜怒哀乐而服从它。

与此相反，我认为，任意书籍的作者都有权利把他喜欢的任意的意思、规定，给他打算使用的任意的词语或短语。如果我发现一位作者在他的书籍开头部分说：这些词语应该这样理解，我将使用词语“黑色的”表示“白色

① 在现代谓词逻辑里，因为有了精密的量词分析，所以不采用存在含义的假设了。若采用这个假设，全称肯定命题和特称否定命题，它们之间的矛盾关系不成立。

的”的意思，而且使用词语“白色的”表示“黑色的”的意思，那么我将温顺地服从他的规定，而不管这个规定多么荒谬。

所以，关于命题主项是否断定了存在性，我认为每个作者都可以采用自己的规定；当然了，这个规定必须与它自身一致，而且与公认的逻辑学事实一致。下面我们将先考虑一下那些合理的观点，再考虑那些简便的观点，最后经过慎重选择，我提出了自己的观点。

我们考虑的命题类型是那些以“有些”“没有”“所有”开头的。其通常称为I命题、E命题、A命题。一个命题，或者可以理解为断定了其主项的存在性，或者可以理解为未断定其主项的存在性。所谓“存在性（existence）”，我当然指的是符合其本性的任意的存在性。例如，两个命题“梦想存在”和“大鼓存在”。梦想是一些思想的集合，它们只存在于做梦者的头脑里；大鼓是一些木头和羊皮的集合，而它们存在于打鼓者的鼓槌下。

首先假设：I断定（即I命题断定其主项的存在性）。我们自然地看到，A命题也应该具有相同的断定，因为A命题都包含了一个I命题。现在我们就有了I断定、A断定。这时，能够顺利地假设“E断定”吗？我的回答是“不能。我们只能假设E未断定”。证明如下：

若可能的话，令E断定。则我们看到（令x，y，z表示属性），如果命题“没有xy是z”为真，那么有些事物既具有属性x又具有属性y，即“有些x是y”。我们也看到，如果命题“有些xy是z”为真（又因为I断定），那么结果相同（即有些x是y）。但是前述两个命题是互相矛盾的，因此其中一个必然为真。因此，这个结果总是真的，即命题“有些x是y”永远是真的！而这是荒谬的①。（所以，E未断定。）

【曾经学过形式逻辑的读者或许会想到，这里应用到命题I和命题E的论证，同样也可以应用到命题I（实际上是特称否定命题O）和命题A的论证（因为，在通常教科书里，命题“所有xy都是z”和“有些xy是not-z”，二者是矛盾关系）。因此在他看来，这个论证或许可以如下所述：我们现在假设I断定、A断定。因此，如果命题“所有xy都是z”为真，那么，有些具有属

① 卡罗尔在这里使用了两难推理。若A则B，若非A则B，A或非A。所以，B。其中第三个前提是永真式，前两个前提却不是永真式；所以，B不是永真式。即卡罗尔的归谬法是错误的。

性 x 和属性 y 的事物存在，即“有些 x 是 y”。我们也知道，若命题“有些 xy 是 not-z”为真，则结果相同。但是这两个前提条件为矛盾关系，所以其中必有一个为真。所以结果是永真式；即命题“有些 x 是 y”是永真式！而这是荒谬的。所以，E 未断定。

在普通逻辑教科书里，A 命题和 I 命题（此处指特称否定命题）是矛盾关系，这个观点是不成立的①。这个观点将在第二部里讨论，但在本书里，我不妨给出一个不可抗拒的证明。证明如下：

集合 xy，集合 x 和 not-z，二者之间具有一些关系，这些关系总共有四种可能的情况，即

（1）有些 xy 是 z 和有些 xy 是 not-z。

（2）有些 xy 是 z 和没有 xy 是 not-z。

（3）没有 xy 是 z 和有些 xy 是 not-z。

（4）没有 xy 是 z 和没有 xy 是 not-z。

在这四种情况里，第（2）种等于“所有 xy 都是 z”，第（3）种等于“所有 xy 都是 not-z”，第（4）种等于“没有 xy 存在”。不可否认的是，在这四种情况里，若一种情况为真，则其他三种情况为假。因此，若（2）为假，则或（1）或（3）或（4）为真。可见，断定“或（1）或（3）为真”等于“有些 xy 是 not-z”；断定“（4）为真”等于“没有 xy 存在”。总之，“所有 xy 都是 z”的矛盾命题可以表示为“或者有些 xy 是 not-z，或者没有 xy 存在”，但是不能表示为特称否定命题“有些 xy 是 not-z”。】

因此我们看到，假设“I 断定”，必然推出“A 断定，而 E 未断定”。在所有可以想象出来的观点里，这个观点是第一种。

其次，假设 I 未断定。按照这个思路，我们假设 E 断定。因此命题“没有 x 是 y”意思是“有些 x 存在，而没有 x 是 y”，即“所有 x 都是 not-y”，而后者是个 A 命题。我们当然也知道，命题“所有 x 都是 not-y”可推出“没有 x 是 y”。由于两个命题可以互相证明，所以它们是等值的。因此，每个 A 命题都等值于一个 E 命题；所以，A 断定。总之，我们就有了第二种可以想象

① 按照卡罗尔的假设，全称肯定命题为“所有 x 都是 not-y 和有些 x 是 y”。显然，由它必然地推出特称肯定命题“有些 x 是 y”。但是，它与特称否定命题“有些 x 是 not-y”之间的矛盾关系就不成立了。

的观点：E 断定、A 断定、I 未断定。

这个观点与它自身比较或者与逻辑学的公认事实比较，都看不出任何矛盾。但是，我们在日常生活中检验它的时候，我们将会发现，至少对于普通人来说，它与它们之间非常不般配，使用起来非常的不方便。下面我记录了一小段我与朋友琼斯的对话，他正试图建立一个新的俱乐部，将按照严格的逻辑学原理进行讨论。

作者：你好，琼斯！你的俱乐部开张了吗？

琼斯（搓着手说）：你会高兴地听到，有些会员是百万富翁（请注意，我只说了“有些”）！我的俱乐部将会财源滚滚！

作者：听起来很好。现在有几个会员参加了呢？

琼斯（凝视着说）：一个也没有。我们还没有开张。你凭什么认为我们开张了？

作者：因为，我认为你说了“有些会员如何如何”。

琼斯（轻蔑地说）：你似乎没有意识到，我们正在按照严格的逻辑学原理进行讨论。特称命题没有断定其主项的存在性。我只是想说，我们制定了一项规则：目前不接受任何会员，直到我们至少有三个申请人，其年收入超过一万！

作者：你说的居然是那个意思，对吧？让我再听听其他规则。

琼斯：另外一个规则是，那些被判七次伪造罪的人都是不可参加的。

作者：哎呀，我想再问一下，你不是故意断定、真实存在这样的罪犯吧？

琼斯：我故意断定的恰好就是那个意思！全称否定命题断定其主项存在性，你居然不知道？当然了，我们目前尚未实施这个规则，直到我们遇到那些活着的罪犯。

现在读者自己就可以看到，这里的第二种观点与生活常识的距离是多么遥远。我想他也会同意，琼斯的观点将会带来一些不便。

第三种假设，I 未断定、E 未断定。“有些 x 是 y”和“没有 x 是 not-y”，如果这两个命题都未断定，那么可以推出命题“所有 x 都是 y”也未断定；理由是，两个命题合起来（即 A 命题）是断定了，两个命题分开来（即 I 命题和 E 命题）却未断定；这是荒谬的。因此可以想象的第三种（也是最后一种）观点是：I 未断定、E 未断定、A 未断定。

第三种观点的倡导者认为，命题“有些 x 是 y”应该解释为命题“若存

在 x，则有些 x 是 y”；E 命题和 A 命题也是这样解释。可以证明，对于 A 命题，这种观点与公认的逻辑学事实之间互相冲突。

我们现在以三段论 Darapti（AAI-3）为例，证明如下。通常认为它是有效式①。它的形式是：

所有 m 都是 x；所有 m 都是 y。∴ 有些 y 是 x。

按照那些倡导者的观点，该三段论应如下解释：

若存在 m，则所有 m 都是 x；

若存在 m，则所有 m 都是 y。

∴ 若存在 y，则有些 y 是 x。

凯恩斯先生已经简单明了地解释说：该前提不能推出该结论（在 1894 年的《形式逻辑》中，第 356、357 页），他的原文如下：

令所有命题都未断定其主项或其谓项的存在性。以三段论 AAI-3（Darapti）为例：所有 M 都是 P，所有 M 都是 S，∴ 有些 S 是 P。以 S，M，P 分别表示小项、中项、大项，那么结论将断定：若存在一个 S，则存在一些 P。该前提也将断定这个结论吗？如果也断定，那么该三段论是有效的；但并非如此。这个结论断定了：如 S 存在则 P 存在；但是，与前提一致的结论是：当 M 和 P 都不存在时，S 可以存在。因此，包含于该结论的断定是：该前提不合理。

在我看来，上述解释已经清楚明白和令人信服。尽管如此，为了“症状更明显”，我不妨将上述三段论的抽象式更换为具体式，即使不懂逻辑学的读者也能理解。

我们假设，遵照下述规则建立一所男生学校：所有高级班男生都学法语、希腊语、拉丁语。所有中级班都是只学希腊语。所有初级班都是只学拉丁语。

再假设：初级班有男生，中级班也有男生；但是还没有男生升级进入高级班。显然，在整个学校里没有男生学法语；尽管我们知道，根据建校规则，如果高级班有男生，那么他们都如何如何。

然后，根据上述数据，我们有权断定如下两个命题：如果有男生学法语，那么所有这些男生都学希腊语；如果有男生学法语，那么所有这些男生都学

① 按照现代谓词逻辑的解释，可以证明，AAI-3 是无效式。但是，亚里士多德在《工具论》里就已经认为它是有效式。

拉丁语。

根据那些逻辑学家的观点，结论将会是：如果有男生学拉丁语，那么这些男生学希腊语。

到此为止，我们就有了两个真前提和一个假结论（因为我们知道，例如在初级班，有些男生学拉丁语但是未学希腊语）。因此，这个论证是无效的。同理可证，未断定存在性的假设也摧毁了下述三段论形式的有效性：IAI-3，AII-3，EAO-3，EIO-3。①

毫无疑问，有些逻辑学家会这样询问：我们不是奥尔德里奇（美国作家，其作品的结尾都很意外）！为什么要求我们保证三段论有效性呢？

很好。然后，为了我这些“朋友”的特殊利益（名字有时是不祥之兆！“我必须和你私下面谈，我的年轻朋友，”温和的伯奇博士说，“在我的图书馆，明天上午9点。请你准时！”），我说，为了他们的特殊利益，对于这个“不存在性”假设，我将提出另外一项指控。

在应用于I命题时，这个假设使得换位规则无效了。

不论是奥尔德里奇还是其他人，每个逻辑学家都会承认这样的公认的事实：“有些x是y”可以合法地换位为“有些y是x”。但是，命题“若存在x，则有些x是y”合法地换位为“若存在y，则有些y是x”，这个换位方法正确吗？我认为不正确。

在前述男生学校的题目里，高级班男生是不存在的，这个例子可以很好地解释逻辑学家的这个新的缺陷。我们假设，这所学校还有一条规则，即在学期结束时，在每个班里，第一名和第二名男生将获得奖品。这条规则完整地授权给我们去断定（按照逻辑学家使用这些词语的意思）：“有些高级班男生将获得奖品。”简单来理解（按照他们的意思），“若高级班有男生，则他们将获得奖品”。

当然了，这个命题的换位命题是：有些获得奖品的男生是高级班的；（按照“逻辑学家”的意思）该命题的意思是：若有获得奖品的男生，则他们是高级班的。（我们知道该班是空集）。

① 按照现代谓词逻辑，这些形式都是有效式。

在这两个换位命题里，第一个毫无疑问是真的；第二个毫无疑问是假的①。

看到球员击倒自己的球门，总是让人伤心：他作为一个男人和兄弟，我们同情他；而他作为一个球员，我们只能让他“出局”。

总之，我们看到，我们总共讨论了三种可能的观点，只有两种是符合逻辑的，即I断定、A断定、E未断定，E断定、A断定、I未断定。（第三种观点为IEA都未断定，它不符合逻辑）。我已经说明，第二种观点含在实际生活中具有极大不便。本书采用了第一种观点。关于这个问题的进一步评论。

【关于命题的“存在含义”，“逻辑学家”中还有其他观点，本节中未提及。以下再介绍两点。

其一，特称命题“有些x是y”，它既不能解释为“有些x存在而且x是y”，也不能解释为“若x存在，则有些x是y”，而只能解释为“有些x可以是y；即属性x和属性y是兼容的”。根据这个理论，如果我告诉我朋友琼斯说，“你的一些兄弟是骗子”，那么我就不会冒犯他；因为，如果他愤怒地质问：“你这个无赖，你的话究竟是什么意思？”那么我就冷静地回答说：“我只是这样的意思，这件事是可以想象的：你的一些兄弟或许可能是骗子。”但是，我的回答能否平息琼斯的愤怒，就不得而知了。

其二，命题“所有x都是y”，有时它断定了x确实存在，有时它却未断定；如果它没有具体的形式，我们无法说清楚，我们需要更多的解释。我认为，这个观点在日常生活中受到有力支持；在《符号逻辑》第二部里会详细讨论。对我来说，这样的难题太复杂，不适合第一部的初学者。】②

---

① 卡罗尔实际上提出了两个完全不同的特称命题。其一，有些男生，他们既是高级班的也是获得奖品的；其二，有些男生，若他们是高级班的则他们是获得奖品的。前者可以换位，后者不可换位。若采用谓词逻辑的符号，可以发现两个命题的细微差别，前者含有一个合取联结词，后者含有一个实质蕴涵联结词；其余部分都是相同的。

② 现代谓词逻辑里，论域不应该是空集。但是其中任意一个集合（或称之为词项）可以是空集，也可以不是空集。

第3节　联项“不是”的用法

“约翰不是在家的”（John is-not in-the-house）或“约翰是不在家的”（John is not-in-the-house），哪个说法好呢？“有些熟人不是我喜欢的”或“有些熟人是我不喜欢的”，哪个好呢？我们在本节讨论这个问题①。

这个问题不是关于逻辑学对错的问题，而仅仅是措辞的问题，因为两个不同的句子却表达了完全相同的意思。在我看来，这些逻辑学家的观点也是过分低级了。当他们对命题成分做最后修改的时候，就在幕布拉开之前，当联项［是，is（are）］（如同一个相对挑剔的肥胖的父亲）询问他们：那个“不”和我做伴，还是和谓项做伴？他们非常有准备地回答说（如同一个狡猾的出租车司机）：您随意，去哪里都可以！结果似乎是，贪婪的联项“是”总是抓住否定词“不”，而那个“不”却更喜欢与谓词做伴；两种命题的形式不相同，而意思却完全相同。“有些人是犹太人”“有些人是外邦人”，这两个命题当然都是肯定命题；但是，如果后面的命题翻译为否定命题“有些人不是犹太人”，这样的翻译更简单吗？

实际上，不知何故，逻辑学家们患上了否定属性恐惧症（dread of a negative attribute），当他们遇到“所有 not-x 都是 y”这样的可怕命题时，如同受惊的孩子，赶紧闭上自己的眼睛；因此，在他们的三段论系统里，也排除了许多非常有用的形式。

在这种莫名其妙的恐惧症影响下，他们申辩说，在二分法划分的时候，否定部分太多了，以至于无法讨论；因此，比较好的办法是，只讨论肯定部分，即每个事物或者包含于肯定部分，或者排除于肯定部分。在这个申辩中，我看没有说服力：实际上恰好相反。亲爱的读者，我有个私人问题，如果你认识的人都划分为两部分，一部分是你喜欢的，另一部分是你不喜欢的，那么你认为后者太多，数不胜数吗？

---

① 卡罗尔不使用特称否定命题，而是把它转换为特称肯定命题。即将“有些 x 不是 y”看作“有些 x 是 not-y”。他明确区分了词项的否定、联项的否定。

为了《符号逻辑》的需要，下述方法是最方便的：在一个论域之内，按照二分法划分为两个子类，然后可以这样说，任意一个事物或者位于一个子类之内，或者位于另一个子类之内；我认为，本书读者都不会反对我的方法。

第 4 节　“双否前提无结论”的理论

我认为，这个理论（two negative premisses prove nothing）也是那些逻辑学家的一种疾病，类似于“否定属性的恐惧症”。反驳这个理论的最好方法也许就是反例法。

以下三对前提都是双否前提：

我的儿子都不是自负的；

我的女儿都不是贪婪的。

我的儿子都不是聪明的；

只有聪明的孩子才能解决这个难题。

我的儿子都不是博学的；

我的儿子里有些不是唱歌的。

（在我的系统中，最后一个命题是肯定命题，因为我会读为“是、非唱歌的”；但是，按照那些逻辑学家的观点，我可以公平地将其视为否定命题，因为他们会读为“不是、唱歌的”。）

亲爱的读者，在详细考虑了这些前提对之后，如果你宣布，你不能从中推出结论，那么我只能这样说，如同喜剧《佩兴斯》里公爵所说，“你必须接受我们发自内心的慰问”。

【上述三对前提，可以分别推出如下三个结论：所有自负的孩子都不是贪婪的；所有的我的儿子都不能解决这个难题；有些非博学的孩子不是唱歌的①。】

① 原文误为“非博学的儿子（boy）”，应改为“非博学的孩子”。论域为“孩子”，其中有“儿子”和“女儿”。

第 5 节　欧拉图解[①]

欧拉图解起初似乎仅仅用于表达几个命题[②]。在著名的欧拉圆环里，每个圆环表示一个类。包含两个圆环的欧拉图解表示的意思是：在两个类之间具有一些关系，例如包含关系或者全异关系。

因此，这里给出的图形展示了两个类，其各自属性分别为 x 和 y，其相互关系表示为命题，即所有的下述命题同时为真：所有 x 都是 y，没有 x 是 not-y，有些 x 是 y，有些 y 是 not-x，有些 not-y 是 not-x。当然了，后面四个命题的换位命题也为真。

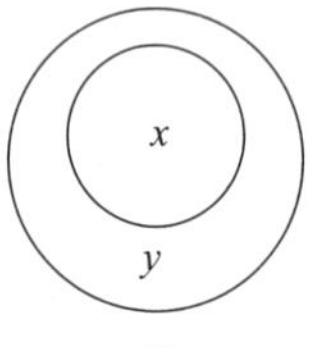

同理，这个图形意思是，以下几个命题都是真的：所有 y 都是 x，没有 y 是 not-x，有些 y 是 x，有些 x 是 not-y，有些非 not-x 是 not-y。当然了，后面四个命题的换位命题也为真。

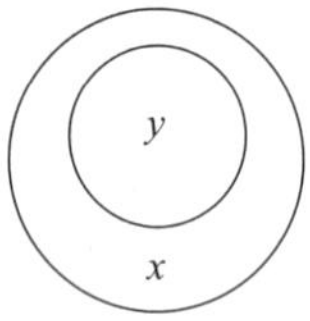

同理，这个图表明，以下几个命题都是真的：所有 x 都是 not-y，所有 y 都是 not-x，没有 x 是 y，有些 x 是 not-y，有些 y 是 not-x，有些 not-x 是 not-y，以及最后四个命题的换位命题。

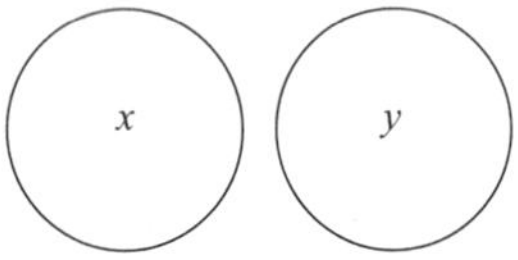

同理，这个图形说明，以下几个命题都是真的：有些 x 是 y，有些 x 是 not-y，有些 not-x 是 y，有些 not-x 是 not-y；当然，还有它们四个命题的换位命题。

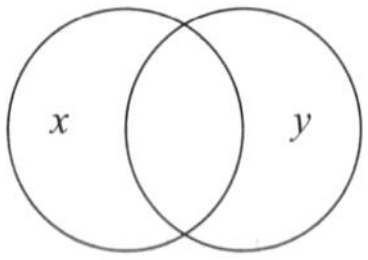

注意，四个欧拉图解都肯定了“有些 not-x 是 not-y”。显然他从未想到过，该命题有时可能不是真的！

现在，为了表达命题“所有 x 都是 y”，使用四个图解里的第一个就足够了。类似地，为了表达命题“没有 x 是 y”，使用四个图解里的第三个就足够了。但是，（为了包括所有可能的情况）为了表达一个特称命题，至少需要四个图解里的三个；表达特称命题“有些 not-x 是 not-y”时，甚至需要全部的四个图解。

x
y

y
x

x
y

x
y

---

① 卡罗尔介绍的欧拉图解，只有四种关系：种属关系、属种关系、全异关系、交叉关系。没有介绍等同关系。此处的种属关系应理解为集合间的包含关系，而不是真包含关系。

② 欧拉图解表达全称命题比较清晰，但是特称命题含糊不清。AAA-1 和 EAE-1，它们的欧拉图解比较清晰，但是其他三段论则比较含糊。

第 6 节　文恩图解

为了简便，我们令 x' 表示 not-x。

文恩先生的图解方法是在上述方法基础上的重大改进。他利用上述图形里最后那个图形，表示类 x 和类 y 之间所有可能的关系；一个区域内标记阴影表示它是个空集，一个区域内标记符号+表示它不是空集（已占用）。因此，如下三个图形分别表示命题：有些 x 是 y，没有 x 是 y，所有 x 都是 y。

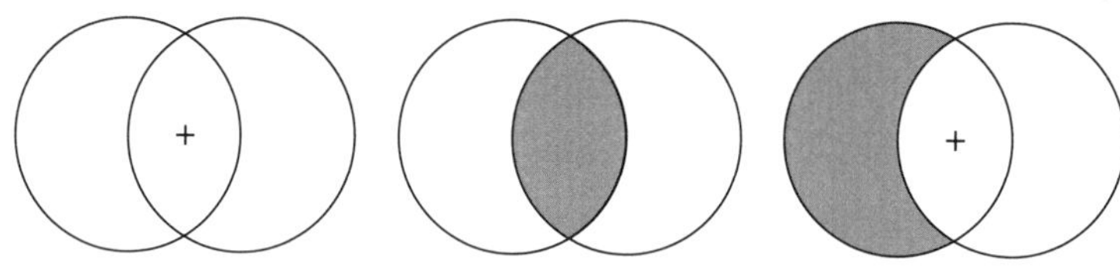

显然，在一个图形里，四个子类对应于四个区域，其属性分别是 xy，xy'，$x'y$，$x'y'$；其中前三个区域都是封闭的，而环绕它们的第四个区域却是开放的（无限的）。

如果我们试图表示命题“没有 x' 是 y'”，究竟如何标记这个区域，会给我们带来非常严重的麻烦。文恩先生曾经也遇到过这个可怕的任务，但是他以一种非常巧妙的方式逃避了，他在脚注里说：“在图形的外部，我们不用去涂抹阴影。”

x

m　　y

为了同时表达含有中项的两个命题，需要一份三字母的图形。这个图形是文恩先生画的。

类似地，这个图形里，我们只有七个封闭的区域（一个是不封闭的）；八个类对应于八个区域，其属性分别是：xym，xym'，等等。

文恩先生说，“在我看来，含有四个词项的最简单最对称的图形应该这样画出来：以恰当的方式，四个椭圆相互交叉。”然而，这个图形里的封闭区域只有十五个。

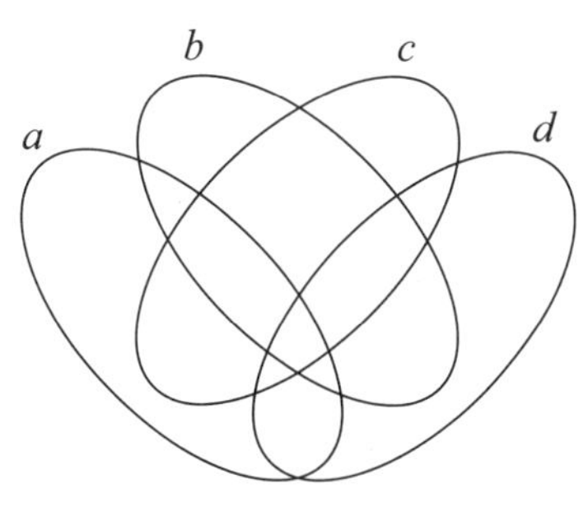

关于五个字母的图形，文恩先生说，“我能想到的最简单的图形是下面这个图”（中间的小圆表示 c 以外的区域，即它的四个小区域

在 b 和 d 之内，但在 c 之外）。必须承认，这样的图形并不像人们希望的那样简单；但是，想一想：究竟如何处理五个字母及其全部组合呢？或者一筹莫展，或者勉为其难地画出三十二种组合。

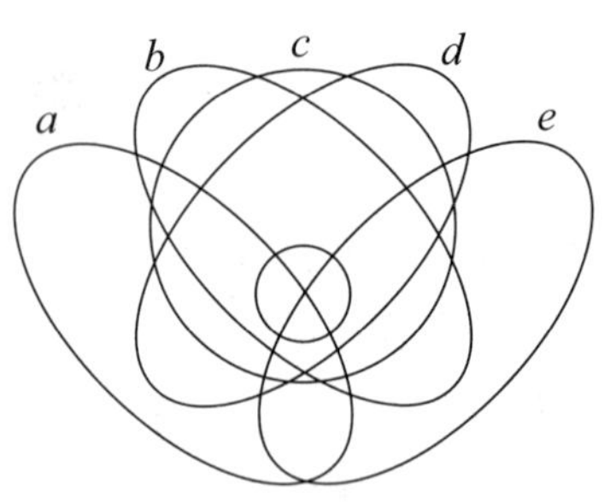

这个图形共有三十一个封闭区域。

关于六字母图，文恩先生建议：并列放置两个五字母图，一个图表示 f 部分，另外一个表示 not-f 部分，以表示所有的区域。他说，“这个图形可以表达出 64 个子类”。然而，这个图形只有 62 个封闭区域，而那个开放区域，必须由两个子类共享（a′b′c′d′e′f 和 a′b′c′d′e′f′）。

关于六个字母以上的图形，文恩先生没有继续讨论。

第 7 节　我的图解

我的图解方法类似于文恩先生的方法，每个不同的类对应于不同的区域，每个区域或者标记为已占用（非空集），或者标记为空集。不同之处是，表示论域的那个类对应于一个封闭的大的方框。这样一来，我们再看看原来那个开放的类，在文恩先生自由主义领导下，它可以随心所欲到处游荡，而现在它突然沮丧地发现：它必须像其他子类一样，在一个有限的封闭的方格内“囚禁，囚禁”！另外，我用直线画图，不用曲线画图；我用“I”标记一个已占用的方格（意思是，那个方格内至少有一个事物），用“O”标记一个空集的方格（意思是，那个方格内没有事物）。

关于二字母图形，我采用如下图形①。其中北半图的区域对应于类 x，南半图区域对应于 not-x（即 x'），西半图为 y，东半图为 y'。因此，西北方格对应于类 xy，东北方格对应于类 xy'，等等。

关于三个字母的图形，我再次划分上图里的四个方格，方法是：画个内部的小方框，该区域对应于类 m；小方框以外大方框以内的区域

① 这个图形，类似于汉字“田”。还有两个图形，具有相同表达能力：汉字“回”里增加一个横线，汉字“回”里增加一个竖线。

对应于 m'。因此，我们就得到了对应于八个类的八个方格区域，它们的属性分别是 xym，xym'，等等。

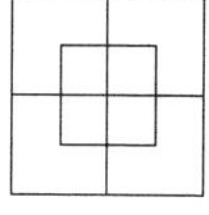

最后这幅图形是《符号逻辑》第一部里使用的最复杂的图形。但我不妨借此机会，下面再描述一些更复杂的图形，它们将会出现在《符号逻辑》第二部里。

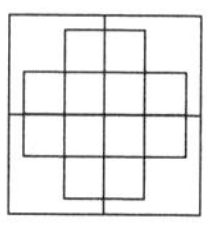

四个字母的图形里（a，b，c，d），北半图的区域对应于 a（自然了，其余部分对应于 a'），西半图为 b，水平方向的长方框内为 c，垂直方向的长方框内为 d。因此，我们总共可以得到 16 个方格。

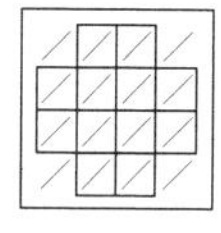

五个字母的图形（增加 e），可以这样画出来：在上图的 16 个方格内，分别画出一个斜线；所有斜线上面区域的总面积对应于类 e，所有斜线下面区域的总面积对应于类 e'。我承认，这个图形有缺点：类 e 的全部事物分散各处，而其他四个类的事物（指 $abcd$）都在一个围栏之内。尽管如此，这些斜线很容易找到；而且删除斜线的运算和删除其他的类一样，也是很容易的。现在我们就得到了 32 个方格（$16\times2=32$）。

关于六字母的图形（即再添加 h，我尽量不用带尾巴的字母 f 和 g）：如果在上图里，斜线替换为十字交叉线，那么 16 个方格区域再次划分为 4 个较小区域，分别是 eh，eh'，$e'h$，$e'h'$。总之，我们得到了 64 个方格（$16\times4=64$）。

七字母图（增加 k）的画法是，针对每个十字都再添加一个小方框。全部的 16 个小方框之内的总面积对应于类 k，全部的 16 个小方框之外的总面积对应于类 k'；因此，8 个小方格的区域（共有 16 个大方格）对应于 8 个类，ehk，ehk'，等等。现在我们得到 128 个方格（$16\times8=128$）。

八字母图（增加字母 l）的画法是：在四字母图的 16 个大方格内，分别再放置一个小的四字母图；16 个大方格的区域对应于 16 个类，$abcd$，$abcd'$，等等；16 个小方格对应于 16 个类，$ehkl$，$ehkl'$，等等。因此，西北角的 16 个区域分别对应于 16 个类，$abc'd'ehkl$，$abc'd'eh'kl'$，等等。这个八字母图包含 256 个小方格（$16\times16=256$）。

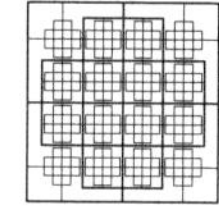

九字母图的画法是，两个八字母图并排放在一起，一个图对应于类 m，另一个图对应于类 m'。现在我们就可以得到 512 个方格。

最后，十字母图的画法是，4 个八字母图排成方阵，每个区域分别对应于 4 个类 mn，mn'，$m'n$，$m'n'$。现在我们可以得到 1024 个方格。

第 8 节　三段论的几种解法

为了展示三段论几种解法之间的差异，我认为，最好的方法是，先选用一个具体的例题，再用各种方法分别解题。我们选用一个例题，见本书 104 页第 29 题。

没有哲学家是自负的；
有些自负的人不是赌徒。
∴ 有些不是赌徒的人不是哲学家。

（1）普通逻辑教材的解法

按照目前这些前提，不能推出结论；因为两个前提都是否定命题。如果根据换位规则或者换质规则，小前提可以改写为：有些自负的人是非赌徒。按照第四格 EIO 式（Fresison），我们可以推出一个结论，即

没有哲学家是自负的；
有些自负的人是非赌徒。
∴ 有些非赌徒不是哲学家。

也可以划归为第一格 EIO 式（Ferio）进行证明，即

没有自负的人是哲学家；
有些非赌徒是自负的。
∴ 有些非赌徒不是哲学家。

第一格 EIO 式（Ferio）的有效性直接来自三段论公理。

（2）三段论的抽象式

在继续讨论其他解决方法之前，我们有必要把具体式三段论翻译成抽象式。令论域为“人”，x = 哲学家，m = 自负的，y = 赌徒。三段论抽象式如下：

没有 x 是 m；
有些 m 是 y'。
∴ 有些 y' 是 x'。

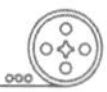

（3）欧拉图解的解法

大前提只需要一个图形即可①：

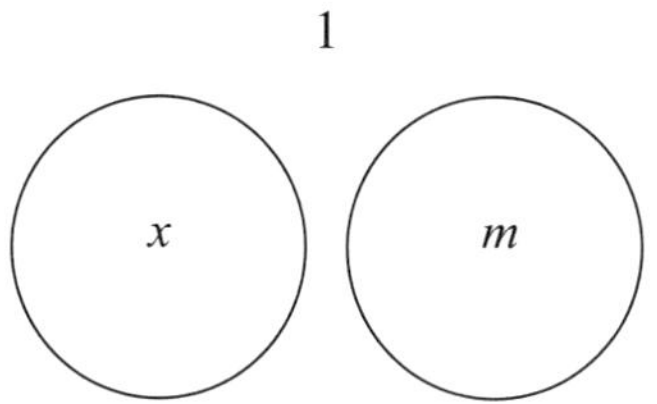

小前提却需要三个图形：

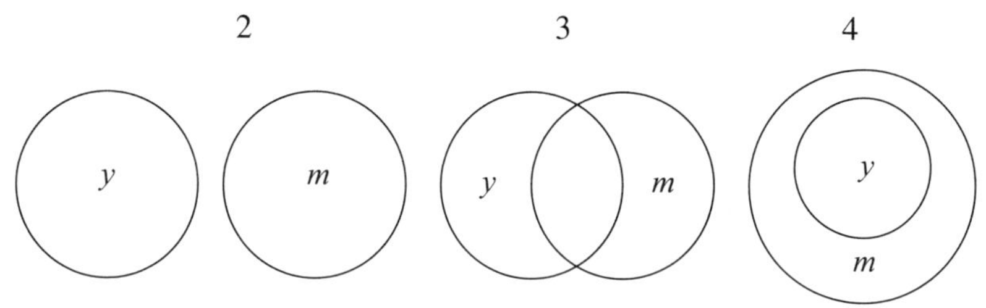

按照所有可能的情况，合并大前提和小前提，总共得到九个图形②：

如果合并图 1 和图 2，那么可以得出图 5 至图 9。

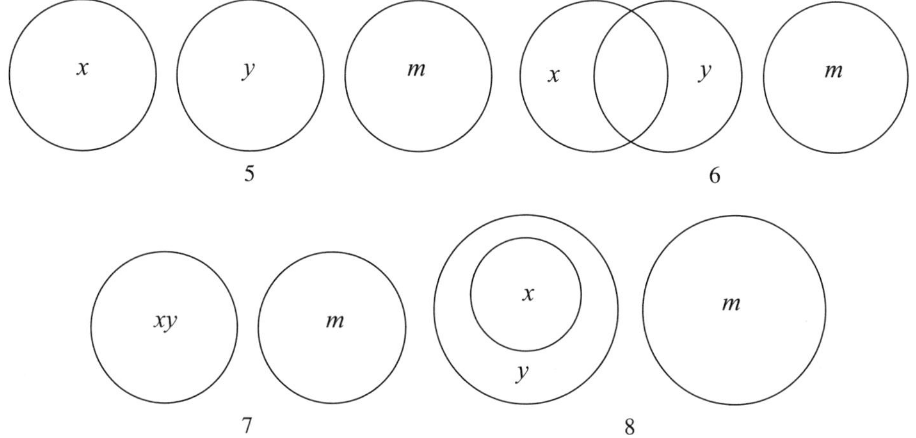

① 全称否定命题“没有 x 是 y”，意思是：集合 x 包含于集合 y'；集合 x 真包含于集合 y，或者集合 x 等于集合 y'；$x \subseteq y'$。

② 注意：大前提和小前提之间是合取关系，小前提的几个图形之间是析取关系。合并图形时，必须注意区分合取关系和析取关系。

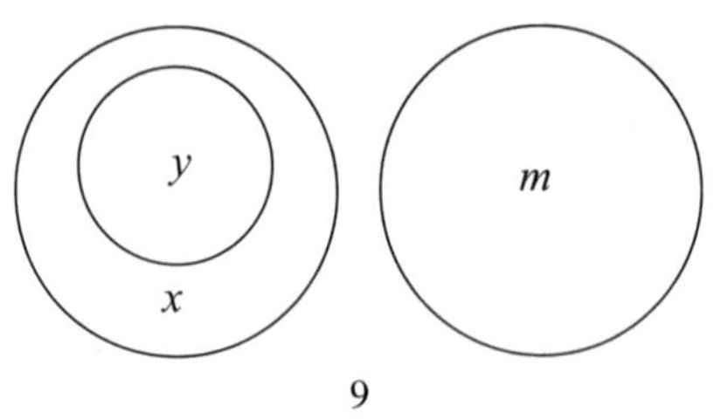

9

如果合并图 1 和图 3，那么可以得出图 10 到图 12。

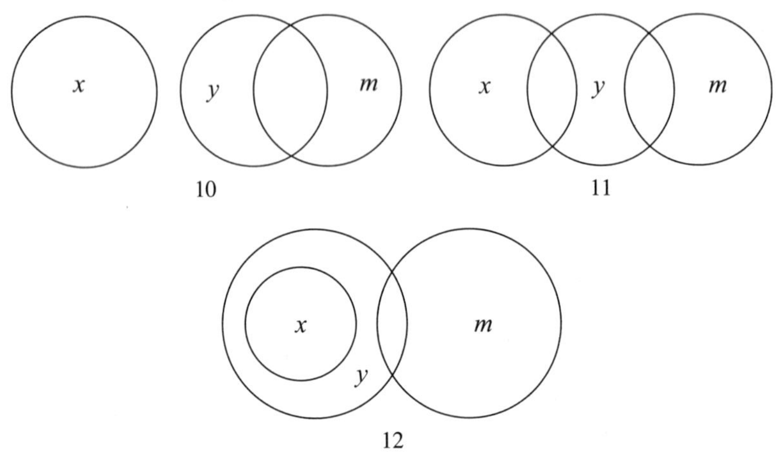

10　　　　　11

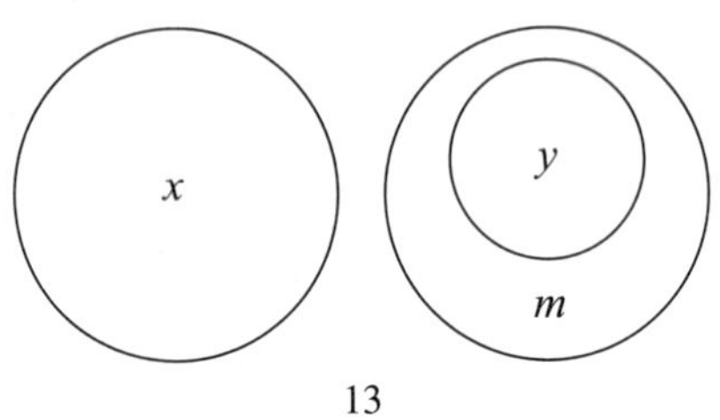

12

如果合并图 1 和图 4，那么可以得出图 13。

13

现在，我们必须根据图 5 到图 13 这组图形，通过忽视中项 m（或删除 m），就可以找出 x 和 y 的关系。经过仔细检查，我们发现：

图 5、图 10、图 13 都表示完全不相容的关系（x 和 y 是全异关系）。图 6、图 11 都表示部分相容和部分不相容的关系（x 和 y 是交叉关系）。图 7 表示全同关系（x 和 y 是全同关系）。图 8、图 12 都表示 x 完全地包含于 y（x 和 y 是种属关系）。图 9 表示 y 完全地包含于 x（x 和 y 是属种关系）。

因此，我们可以得到如下五个图形①，每个图形里都只含有 x 和 y。

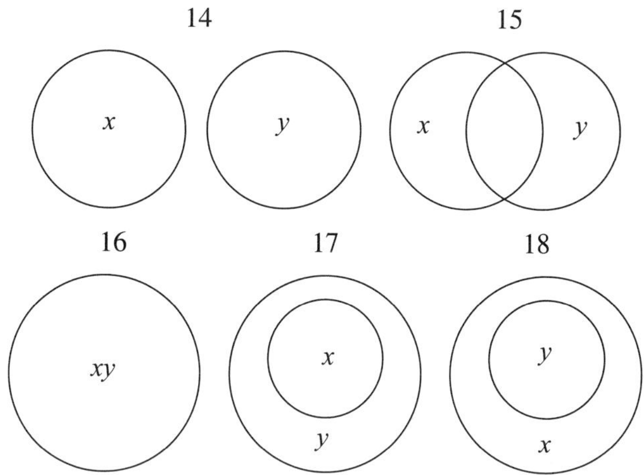

这里的五个图形表达的唯一的命题是"有些 not-y 是 not-x"，即"有些非赌徒是非哲学家"。欧拉几乎不会认为这个命题是有价值的命题，因为他似乎假设这种形式的命题总是真的。

（4）文恩图解的解法

这个解法是文恩先生本人给我介绍的。小前提表明，那些 my' 的人必须保留，因此在该区域标记"+"字。

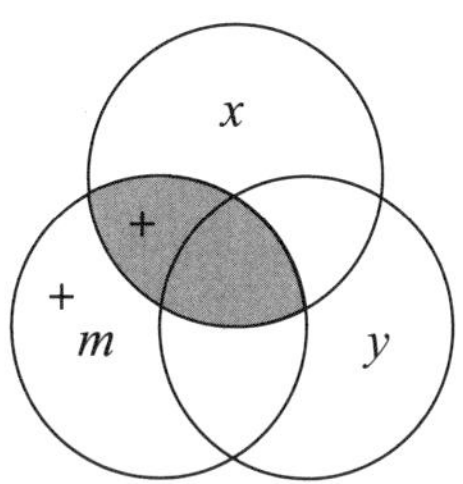

大前提表明，所有 xm 的人必须删除，因此在该区域标记阴影，表示删除。然后，因为有些 my' 必须保留，所以 $my'x'$ 必须保留。就是说，$my'x'$ 必须存在；再删除 m，得到 $y'x'$。按照通常语言说：有些 y' 是 x' ，或者"有些非赌徒是非哲学家"。

① 这五个图形分别表达了全同关系、种属关系、属种关系、全异关系、交叉关系。应该注意：这五个图形之间是析取关系，可以看作是一个永真命题。若看作合取关系，则就是一个永假命题。

（5）我的图解方法①

第一个前提断定了：没有 xm 存在，因此我们把区域 xm 标记为空集，即在该区域的两个方格里分别放置一枚棋子“O”。第二个前提断定了：有些 my' 存在，因此我们把区域 my' 标记为已占用（非空集），即在该区域内仅有可用的方格里放置一枚棋子“I”。

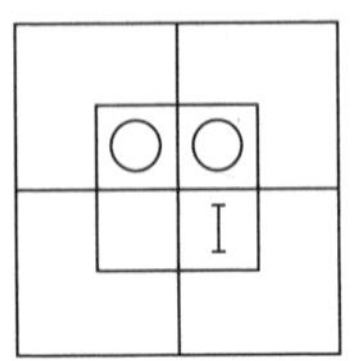

根据这个图形，我们可以读出关于 x 和 y 的唯一信息是：那个 $x'y'$ 的区域已占用，即有些 $x'y'$ 存在。因此，结论为“有些 x' 是 y'”，即“有些非哲学家是非赌徒”。

（6）我的下标符号法

$$xm_0 \dagger my'_1 \P\ x'y'_1$$

即有些非哲学家是非赌徒。

第 9 节　三段论和连锁三段论的新解法

在形式逻辑的普通教科书中，在处理这两个主题时遇到的所有奇怪事情里，最奇怪的事情或许是他们的方法与实际情况的强烈反差。一方面，他们精心讨论了 19 种以上三段论的有效形式，每个有效形式都有自己特殊而恼人的规则；另一方面，从实用目的看，所有的有效形式构造了一个几乎无用的机器，许多结论是不完整的，许多合法的有效形式被忽略了。对于连锁三段论，他们幼稚单纯地仅仅讨论了两种形式；而且他们郑重其事地给以特殊的名称，在他们的印象里，显然不存在其他可能的形式。

至于三段论，我发现，他们的 19 个有效形式以及他们忽略的其他形式，所有这些形式都可以归纳为 3 个形式，而且每个形式的规则都非常简单。在本书 103 ~107 页的 101 个练习题里，读者解题时，唯一的问题是：该题究竟

---

① 卡罗尔图解里，棋子和棋盘是分开的，棋盘固定而棋子可移动。文恩图解里，“阴影”符号与棋盘粘连在一起，无法移动。

属于图式一、图式二还是图式三呢?

关于连锁三段论，那些教材认可的形式只有两种。一种是亚里士多德式的，它的前提都是一系列的 A 命题，排列顺序是每个前提的谓词都是下一个前提的主词；另一种是哥克兰尼式的，它的前提是相同的系列，但是排列顺序相反。哥克兰尼似乎是第一个发现这个惊人事实的人：若颠倒三段论的前提顺序，则不影响它的有效性；而这个伟大发现也可以应用到连锁三段论。如果我们假设（我们确实可以这样假设吗?），有一个人是个超凡的天才，他发现了 4 乘以 5 的结果和 5 乘以 4 的结果居然相同，而这个人恰好是哥克兰尼，那么我们就可以这样赞美他，就如同某人（我认为他是爱德蒙·耶茨）评价图珀，“这里有个人，他超越了同时代的所有人，他有幸看到了显而易见的东西!”

在本书开始部分，我就忽略了连锁三段论的这两种幼稚形式，不仅随意地增加了 E 命题，而且故意地按照随机的顺序排列前提。留给读者的有趣任务是，按照自己的意愿排列前提，然后根据一系列规范的三段论解题。解题时，可以按照自己的喜好，从任意一个前提开始。

出于好奇，针对下列亚里士多德式的连锁三段论的前提，我罗列了各种排列顺序，

1. 所有 a 都是 b;
2. 所有 b 都是 c;
3. 所有 c 都是 d;
4. 所有 d 都是 e;
5. 所有 e 都是 h。

$\therefore$ 所有 a 都是 h。

我发现至少有 16 种排列，即 12345, 21345, 23145, 23415, 23451, 32145, 32415, 32451, 34215, 34251, 34521, 43215, 43251, 43521, 45321, 54321。其中第一种和最后一种都已经有庄重的名字，但是另外十四种尚未命名（19 世纪末，一位无名的逻辑学家首次发现了它们）。

第 10 节 第二部和第三部的预告[①]

在《符号逻辑》第二部，我将继续关注本书附录提到的那些问题，例如命题的“存在含义”，否定联项的用法，“双否前提无结论”的理论。还将扩展三段论的范围，如引入特殊类型的命题（例如，“非所有” x 都是 y），含有 3 个以上词项的命题（例如，“所有 ab 都是 c”；该命题再与“有些 bc' 是 d”一起，推出“某些 d 是 a'”），等等。也将讨论包含特称命题的连锁三段论，以及假言三段论和二难推理的有趣难题。我希望第二部覆盖所有的内容，即通常中学和大学教科书的内容；针对目前的考试内容，希望读者具有相当或更高的解题能力。

在《符号逻辑》第三部，我希望处理大量新奇偏僻的主题，有些主题甚至在我读过的所有论文里都没有提及。在第三部里，我将讨论整个命题如何分析为它的基本成分（那些从未接触过这个主题的读者也可以自己分析出来：从命题“有些 a 是 b”分解为“有些 a 是 bc”的时候，需要添加何种命题[②]）；代数和几何难题的解法；难题的构造方法；含有的命题更加复杂的三段论和连锁三段论，如何解决。

最后，我将列出 9 个习题，请读者体验一下第二部的内容。如果读者解决了其中的习题，并且得到了完整的结论（尤其是未采用逻辑符号的方法），如果能够收到读者的答案，那么我将非常高兴。关于三段论和连锁三段论的完整结论，我再解释一下。我把词项分为两种：一种是可以删除的（参见第 186 页。即三段论的中项），我称之为“删除项”；另一种是不能删除的，我称之为“保留项”。如果结论是从前提推出的，而且它描述了该保留项之间的全部关系，那么称它为完整的结论。

1. 同乡会

在一所学校的一个大房间里，所有男孩每天晚上都坐在这里。他们有五个以上的学生同乡会：英格兰的，苏格兰的，威尔士的，爱尔兰的，德国的。

---

① 《符号逻辑》第一部，是卡罗尔生前出版的最后一部著作。第二部和第三部没有完成。

② 命题“有些 a 是 b”等值于这个析取命题：有些 a 是 bc 或有些 a 是 bc'。

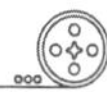

其中一位监督员（他是威尔基·柯林斯小说的伟大读者）非常善于观察，他从目击者一个极好的角度，手写记录了那里发生的几乎所有的事情，以防止发生步行谋杀案。以下是他的一些记录：

（1）每当有些英格兰男孩唱“统治不列颠”，有些不唱，有些监督员就完全清醒了；

（2）每当有些苏格兰人跳舞，还有些爱尔兰人比赛时，有些威尔士人正在吃烤奶酪；

（3）每当所有德国人都下棋的时候，11 人中的有些人没有给他们的球板加油；

（4）每当有些监督员睡觉，有些没睡觉时，有些爱尔兰人正在比赛；

（5）每当有些德国人下棋，没有苏格兰人跳舞时，有些威尔士人不吃烤奶酪；

（6）每当有些苏格兰人不跳舞，有些爱尔兰人不比赛时，有些德国人正在下棋；

（7）每当有些监督员醒着，有些威尔士人正在吃烤奶酪，就没有苏格兰人跳舞；

（8）每当有些德国人不下棋，有些威尔士人不吃烤奶酪，就没有爱尔兰人在比赛；

（9）每当所有的英格兰人都在唱“统治不列颠”，有些苏格兰人不跳舞时，就没有德国人下棋；

（10）每当有些英格兰人唱“统治不列颠”，有些监督员睡觉时，有些爱尔兰人就不比赛；

（11）每当有些监督员醒着，11 人中的有些人没有给他们的球板加油时，有些苏格兰人正在跳舞；

（12）每当有些英格兰人唱“统治不列颠”，有些苏格兰人不跳舞①……

写到这里，记录突然中断了。如果可能的话，所求问题是完成这个句子。

［注意：在解决这个问题时，必须记住，命题“所有 x 都是 y”是一个双重命题，相当于“有些 x 是 y，没有 x 是 y'”。］

---

① 它是合取命题，含有两个合取支。(1) 至（11）都是条件命题。

2. 逻辑学家

(1) 晚餐吃猪排的逻辑学家可能会赔钱；

(2) 胃口不好的赌徒可能会赔钱；

(3) 沮丧的正在赔钱而且可能赔更多钱的人总是早上 5 点起床；

(4) 既不赌博而且晚餐也不吃猪排的人都是胃口很好的。

(5) 凌晨 4 点之前上床睡觉的活泼的人更喜欢乘坐出租车；

(6) 胃口很好的没有赔钱的早上 5 点不起床的人都是晚餐吃猪排的；

(7) 可能赔钱的逻辑学家更喜欢乘坐出租车；

(8) 虽然没有赔钱却很沮丧的认真的赌徒都是不可能赔钱的；

(9) 既不赌博而且胃口也不好的人总是很活泼的；

(10) 活泼认真的逻辑学家都是不可能赔钱的；

(11) 胃口很好的人都不需要乘坐出租车，如果他是认真的；

(12) 虽然没有赔钱但情绪低落的赌徒都坐到凌晨 4 点；

(13) 赔钱而且晚餐不吃猪排的人更喜欢乘坐出租车，如果他早上 5 点不起床；

(14) 早上 4 点之前上床睡觉的赌徒都喜欢乘坐出租车，如果他胃口不好；

(15) 虽然没有赔钱却很沮丧的胃口很好的人都是赌徒。

论域为“人”；a = 认真的；b = 晚餐吃猪排的；c = 赌徒；d = 早上 5 点起床的；e = 正在赔钱的；h = 胃口很好的；k = 可能赔钱的；l = 活泼的；m = 逻辑学家；n = 喜欢乘坐出租车的；r = 坐到凌晨 4 点的。

[注意：在这个题目里，以“虽然”开头的从句应看作并列复句的基础部分，它类似于以“和”开头的从句。]

3. 法国佬

(1) 每当天气晴朗的时候，我就告诉法国佬：“你真是个花花公子，老家伙!”

(2) 每当我让法国佬忘记他欠我 10 英镑，他开始像孔雀一样昂首阔步，他的母亲就宣布：“他不能出去求爱!”

(3) 现在法国佬的头发不再卷曲，他已经脱下漂亮马甲①；

① (3) (11) 都是合取命题，(9) 是个原子命题。其余都是条件命题。

（4）每当我在屋顶上享受一支清闲的雪茄时，我肯定会发现我的钱包是空的；

（5）当我的裁缝拿着他的账单来拜访，而且我提醒法国佬他欠我 10 英镑，他就不是像鬣狗那样咧嘴大笑了；

（6）当天气很热时，气温就很高；

（7）当天气晴朗，我不想抽雪茄，法国佬像鬣狗那样咧嘴大笑时，我从不敢暗示他真是个花花公子；

（8）当我的裁缝拿着他的账单来拜访，也发现我的钱包空了，我就提醒法国佬他欠我 10 英镑；

（9）我的铁路股票像其他股票一样正在上涨！

（10）当我的钱包是空的，当注意到法国佬穿上华丽的马甲，我冒昧地提醒说他欠我 10 英镑时，所有事情就都变得非常温暖；

（11）现在看来天要下雨了，法国佬像鬣狗那样咧嘴大笑，我可以不抽雪茄；

（12）当气温很高时，你不必麻烦自己带把雨伞；

（13）当法国佬穿上他的华丽马甲，但不是像孔雀一样昂首阔步时，我抽了一支雪茄；

（14）当我告诉法国佬他真是个花花公子，他则笑得像个鬣狗；

（15）当我的钱包足够饱满，法国佬的头发是卷发，当他不再像孔雀一样昂首阔步时，我来到屋顶上；

（16）当我的铁路股票上涨，当天气寒冷而且看起来像要下雨的时候，我抽了一支清闲的雪茄；

（17）当法国佬的妈妈让他去求爱的时候，他似乎欣喜若狂，穿上一件无比华丽的马甲；

（18）当天要下雨，我抽着一支清闲的雪茄，而法国佬也不打算去求爱的时候，你最好带把雨伞；

（19）当我的铁路股票上涨，法国佬似乎欣喜若狂的时候，我的裁缝总是选择那个时间带着他的账单来拜访；

（20）当天气凉爽而气温较低，而且我没和法国佬说他是个花花公子，他的脸上没有一丝笑容，我就没有心思抽雪茄了。

4. 议员

(1) 每个适合成为议员但不喜欢说话的人都是公共捐助者；

(2) 头脑清醒而且自我表达能力强的人都受过良好的教育；

(3) 值得称赞的女人都是能够保守秘密的人；

(4) 所有捐助公共事务而又不借机行善的人都不适合进入议会；

(5) 所有那些视如珍宝的和值得赞扬的人总是谦逊的；

(6) 借机行善的公共捐助者都值得称赞；

(7) 那些既不受欢迎也非视如珍宝的人永远都不能保守秘密；

(8) 那些可以永远说话并且适合成为国会议员的人都值得称赞；

(9) 所有的既能保守秘密又谦逊的人都是难忘的公共捐助者；

(10) 捐助公共事务的女人总是受欢迎的；

(11) 那些视如珍宝的不停说话的而且难忘的人都是那些照片挂在橱窗的人；

(12) 一个头脑不清醒而且没有受过良好教育的女人不适合进入议会；

(13) 每个既能保守秘密又永远不说话的人肯定是不受欢迎的；

(14) 既有影响力而又借机行善的头脑清晰的人都是公共捐助者；

(15) 谦逊的公共捐助者都不是那种橱窗展示其照片的人；

(16) 既能保守秘密又能借机行善的人都是视如珍宝的；

(17) 既没有表达能力也不能影响别人的肯定不是女人；

(18) 那些既受欢迎也值得称赞的人，他们或者是公共捐助者或者是谦逊者①。

论域为“人”；a=能够保守秘密的；b=头脑清醒的；c=喜欢说话的；d=值得称赞的；e=橱窗展示照片的；h=自我表达良好的；k=适合成为议员的；l=有影响力的；m=难忘的；n=受欢迎的；r=公共捐助者；s=谦逊的；t=借机行善的；v=受过良好教育的；w=女性；z=视如珍宝的。

5. 双人舞会

六个朋友和他们的夫人都住在一家宾馆里；他们每天都步行参加各种规模和成员的舞会。为了确保每天步行的多样性，他们同意遵守如下规则：

---

① $A\cup B=\sim(\sim A\cap\sim B)$。集合“捐助者或谦逊者”，它等于下述集合的补集：非捐助者和非谦逊者。

（1）若阿克陪同他的夫人（即他们参加相同的舞会），巴里陪同他的夫人，伊登陪同霍尔夫人，则科尔必须陪同迪克斯夫人；

（2）若阿克陪同他的夫人，霍尔陪同他的夫人，巴里陪同科尔夫人，则迪克斯必须不陪同伊登夫人；

（3）若科尔和迪克斯以及他们的夫人都参加相同的舞会，阿克不陪同巴里夫人，则伊登不陪同霍尔夫人；

（4）若阿克陪同他的夫人，迪克斯陪同他的夫人，巴里不陪同科尔夫人，则伊登必须陪同霍尔夫人；

（5）若伊登陪同他的夫人，霍尔陪同他的夫人，科尔陪同迪克斯夫人，则阿克必须不陪同巴里夫人；

（6）如果巴里和科尔以及他们的夫人都参加相同的舞会，伊登不陪同霍尔夫人，则迪克斯必须陪同伊登夫人。

本题目要求证明：每天至少有一对夫妻，他们不参加相同的舞会。

6. 盐和芥末

六个朋友回到宾馆，其中的三个人巴里、科尔、迪克斯，与两个新朋友兰格和米尔，他们五个人每天在一张桌子上聚会。由于步行舞会的严谨规则，他们得到了许多乐趣。因此，每当餐桌上出现牛肉的时候，他们都同意遵守如下规则：

（1）若巴里吃盐，则科尔或兰格只吃两种调料里的一种；若巴里吃芥末，则或者迪克斯两种都不吃，或者米尔两种都吃。

（2）若科尔吃盐，则或者巴里只吃一种，或者米尔两种都不吃；若科尔吃芥末，则或者迪克斯或者兰格吃两种。

（3）若迪克斯吃盐，则或者巴里两种都不吃，或者科尔两种都吃；若迪克斯吃芥末，则兰格或米尔两种都不吃。

（4）若兰格吃盐，则巴里或迪克斯只吃一种；若兰格吃芥末，则科尔或米尔两种都不吃。

（5）若米尔吃盐，则巴里或兰格吃两种；若米尔吃芥末，则科尔或迪克斯只吃一种。

本题目要求证明这些规则是否兼容；如果兼容，哪些安排是可能的。

［注意，在本题目里，假设短语“若巴里吃盐”许可两种可能的情况，即（1）他只吃盐；（2）他吃两种调料。所有类似的短语也是如此。也假设短语

“或科尔或兰格只吃两种调料里的一种”许可三种可能的情况，即（1）科尔只吃一种，兰格吃两种或两种都不吃；（2）科尔吃两种或两种都不吃，兰格只吃一种；（3）科尔只吃一种，兰格只吃一种。所有类似短语也是如此。再假设：每个规则理解为蕴涵一个词语“反之亦然”。所以第一个规则还应该增加一句话“而且，若科尔或兰格只吃一种调料，则巴里吃盐”。]

7. 害羞的修士

（1）所有受到仰慕的修士都是害羞的；

（2）当两个人身高相同而政治观点对立时，如果其中一个人有他的仰慕者，那么另一个也有他的仰慕者；

（3）远离正常社会的修士，当他们一起散步时，都感觉良好；

（4）每当你发现两个人，他们的政治观点和社会观点都不同，而且他们不是都丑陋的，你可以肯定，当他们一起散步时，他们感觉良好；

（5）一起散步时感觉良好的丑陋的人，他们不都是不害羞的；

（6）那些政治观点不同而且不是都漂亮的修士，他们从不装腔作势；

（7）约翰拒绝进入社会，但从不装腔作势；

（8）虽然不是都漂亮但是害羞的修士，他们通常不喜欢社会；

（9）那些身高相同又不装腔作势的人都是不害羞的；

（10）那些艺术观点相同而政治观点不同，而且不是都丑陋的人，他们总是受到仰慕的；

（11）那些艺术观点不同而且没受到仰慕的人总是装腔作势；

（12）那些身高相同的修士总是政治观点不同；

（13）既不是都受到仰慕也不是都害羞的两个漂亮的人，无疑地，他们的身高是不同的；

（14）那些害羞而又不是都喜欢社会的修士，当他们一起散步时，从不是感觉良好的。

[注意：参见题目 2 末尾的注释。]

8. 父子关系

（1）一个人总是能驾驭他的父亲；

（2）一个人的叔叔的一个下级欠那个人钱；

（3）一个人的朋友的敌人的父亲，不欠那个人任何东西；

（4）一个人总是被他儿子的债权人迫害；

（5）一个人的儿子的主人的上辈，是那个人的下辈；

（6）一个人的下辈的孙子不是那个人的侄子；

（7）一个人的敌人的朋友的下级的仆人，不是被那个人迫害的；

（8）一个受害者的主人的上级的朋友，是那个人的敌人；

（9）一个人的父亲的仆人的迫害者的敌人，是那个人的朋友。

本题目要求推断出曾孙的一些事实。

［注意，本题目如下假设：这里提到的所有人都住在同一个城市里。其中每对人或者是朋友关系，或者是敌人关系。每对人可以具有这样的关系，如上辈和下辈，上级和下级。一对人可以具有特定的关系，如债权人和债务人，父亲和儿子，主人和仆人，迫害者和受害者，叔叔和侄子。］

9. 空盘子

杰克爱吃不肥的牛肉；

杰克妻子爱吃不瘦的牛肉；

所以，满桌牛肉，

他们吃得干干净净。

本题目是个连锁三段论，其中第 3 行和第 4 行是待证明的结论。可以使用的前提，既包括此处列出的（即第 1 行和第 2 行），也包括那些我们可以合理地理解出来的省略前提。

索 引

第1节 表格索引

第2节 术语索引

 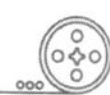

附录四　逻辑游戏的棋盘棋子

棋盘共有 8 个子图，分别是论域图、一元图、二元图、三元图。每个子图内的极小区域表示集合。

棋子共有 16 枚，黑白各 8 枚。棋子放在极小区域内，表示直言命题；放在分界线上，表示复合命题。（剪下棋子即可。）

棋子移动规则，参见导读二“卡罗尔图解”，以及《符号逻辑》《逻辑游戏》。主要有四条：词项增减规则、否定增减规则、合取增减规则、析取增减规则。

本棋具可以表达各项逻辑学知识：词项（概念）、命题（判断）、三段论。例如，已知前提，求出结论；已知三段论，判定有效性。

在《逻辑的游戏》里，卡罗尔的棋盘只有 2 个图：小图（*xy* 图）和大图（*xym* 图）；5 枚白色（灰色）棋子和 4 枚黑色（红色）棋子。在《符号逻辑》一书里，也只出现了 *xy* 图和 *xym* 图，没有出现其他图形。其他 6 个图形，卡罗尔当然是知道的，只是为了简化，没有明确画出来。译者画出它们，有助于显示推理过程。

（棋具也可以自备：先挑选围棋棋子，黑白各 8 枚；再准备一张白纸，画出棋盘。）

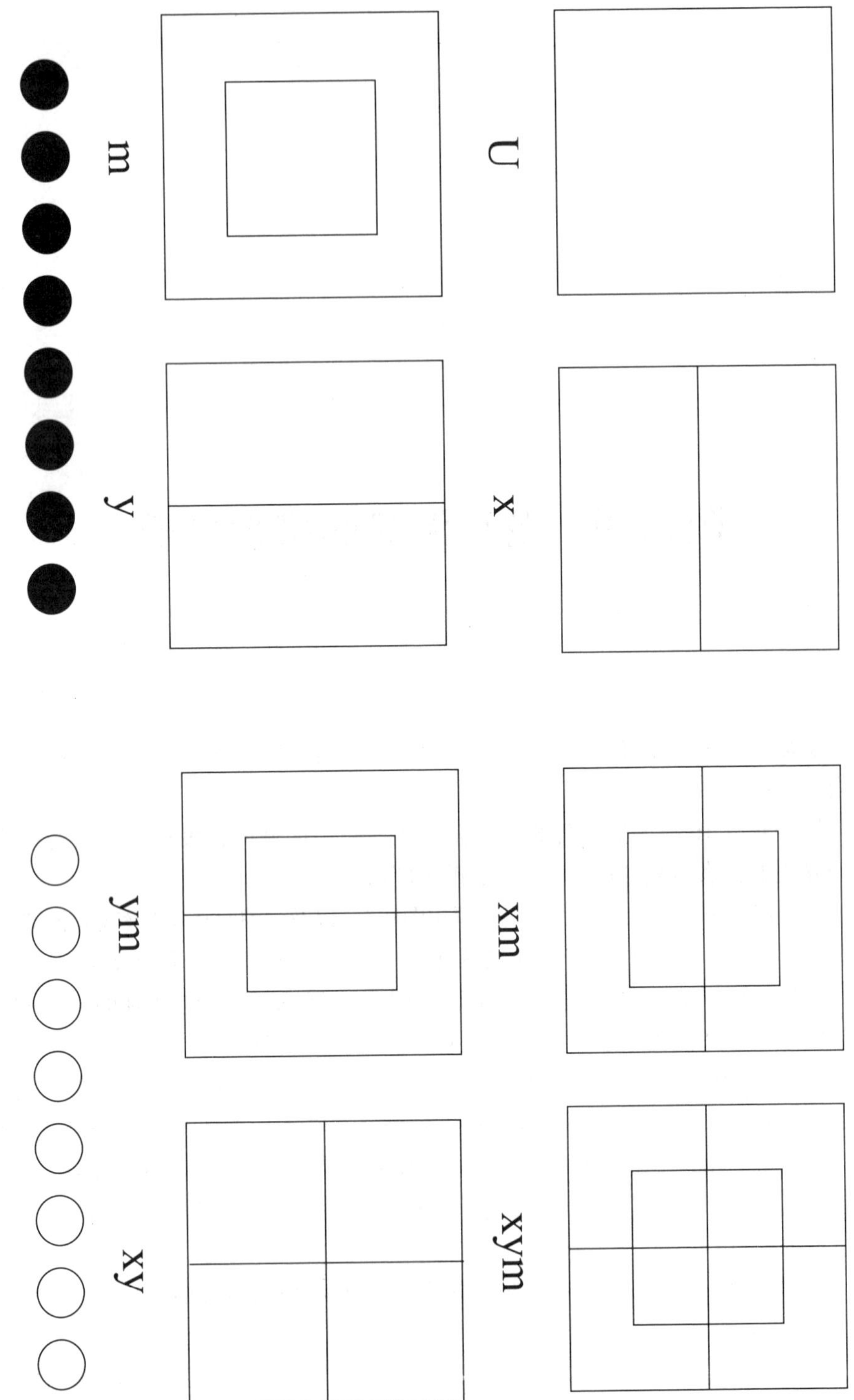
m
U
y
x
ym
xm
xy
xym